探秘世界系列
DISCOVER THE WORLD

神秘恐龙之谜

主编/李瑞宏　副主编/郭寄良

编著/高凡　陆源　绘/米家文化

浙江教育出版社·杭州

推荐序

随着人类文明的不断进步，现代的社会生活中到处都是科学技术的应用成果。人们的衣食住行，未来社会的发展，每一样都离不开科学技术的支撑。

我们乐观地期待着更加美好的未来，也看到未来事业的发展存在着新的、更多的挑战。少年儿童是未来的希望，毫无疑问，谁对他们的培养、教育取得了成功，谁就将赢得未来。

探知人自身以及外部世界的奥秘是人类文明的起点，也是少年儿童的天性。为了提高少年儿童的科学文化素质，适应他们课外阅读的需要，"探秘世界系列"丛书收录宇宙万物中玄奥的科学原理，探究人体内部精微组织与奇妙构造，揭秘动植物界鲜为人知的语言、情绪等行为，介绍最新奇的科技产品和科学技术，再现波澜壮阔的恐龙时代……包括梦幻宇宙、玄妙地球、奇趣动物、奇异植物、新奇科技、神奇人体、神秘恐龙7个主题，是一套全力为少年儿童打造的认识世界的科普读物。

本套丛书从科学的角度出发，以深入浅出的语言、神奇生动的画面将其中的奥秘娓娓道来，多角度地向少年儿童展示神奇世界的无穷奥秘，引领少年儿童进入一个生机勃勃、变幻无穷、具有无限魅力的科学世界，让他们在惊奇与感叹中完成一次次探索并发现世界奥秘的神奇之旅，让他们逐渐领悟其中的奥秘、感受探索与发现的无穷乐趣。

此外，本套丛书特别注重科学知识、人文素养及现代审美观的有机结合，3000多幅精美的图片立体呈现了科学的奥秘，书末的"脑力大激荡"充分检验孩子们的阅读能力，而精美的装帧设计，新颖有趣的版式，富有真善美相融合的内涵，使本套丛书变得更加生动、活泼、好看。希望本套丛书能够成为少年儿童亲近科学、热爱科学和学习科学必不可少的科普读物。

"芳林新叶催陈叶，流水前波让后波。"相信阅读"探秘世界系列"丛书的小读者们一定会从中获得更多的新感受、新见解。未来的社会主要是人才的竞争，未来的世界等着你们去创造，去发现，你们一定能成为未来社会的精英，成为推动世界科学技术发展的强劲后波。

中国自然科学博物馆协会理事长　　**徐善衍教授**
清华大学博士生导师

目录
Contents

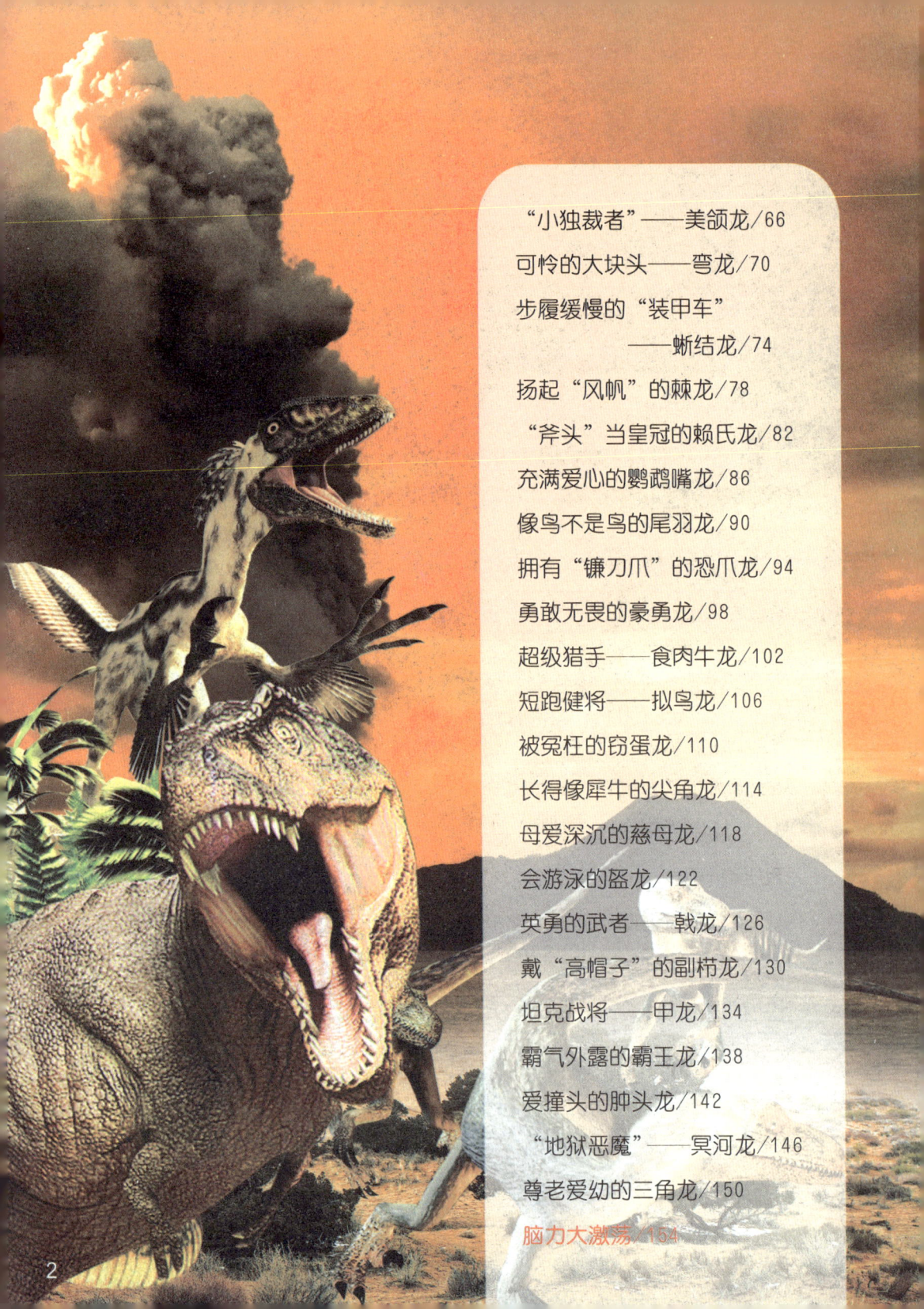

探秘世界之旅

现在开启

波澜壮阔的恐龙时代

你想去恐龙生活的世界看一看吗?

那是一个波澜壮阔的时代。

你是否能够想象我们今天生活的这个星球,

曾经被一群体形庞大的动物所主宰。

而今天,我们只有从地层中的骨骼化石才能一窥它们的全貌。

恍惚间,难以相信,也难以想象它们曾经的存在。

它们有一个共同的名字——恐龙。

那个壮阔的时代就叫——恐龙时代。

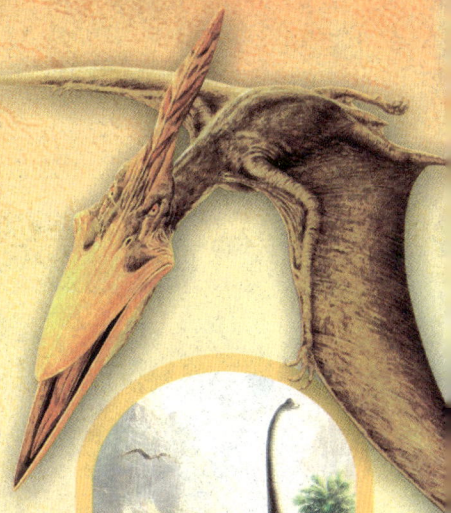

三叠纪——恐龙时代的黎明

三叠纪处在二叠纪和侏罗纪之间，从约2.5亿年前开始至约2.03亿年前结束，一共延续了约5000万年。

三叠纪时，脊椎动物得到了进一步的发展。其中，槽齿类爬行动物的出现具有特别的意义。之后，这类爬行动物为适应当时的环境，演变成最早的恐龙。

到了三叠纪晚期，恐龙已经成为这个时期种类繁多的一个类群了，在生态系统中占据了重要地位。因此，三叠纪也被称为"恐龙时代前的黎明"。与此同时，从兽孔类爬行动物中演化出了最早的哺乳动物——似哺乳爬行动物。但是，在随后从侏罗纪到白垩纪长达1亿多年的漫长岁月里，这批生不逢时的哺乳动物一直生活在以恐龙为主的爬行动物的阴影之下。恐龙是那个时期当之无愧的主宰。

恐龙到底在地球上生活了多长时间？

恐龙曾经统治地球长达1.75亿年呢！

侏罗纪——恐龙大发展

侏罗纪处在三叠纪和白垩纪之间，年代为约2亿300万年前到1亿3500万年前。在这段时期，生物发展史上出现了一些重要事件。其中最著名的就是恐龙成为陆地的统治者，翼龙类和鸟类出现，以及哺乳动物开始发展等。

这一时期气候温暖，植被繁盛，这使得各类恐龙济济一堂，构成了一幅千姿百态的恐龙世界图。当时，除了陆地上有身体巨大的雷龙、梁龙等外，水中的鱼龙和飞行的翼龙等的队伍也不断地发展和壮大起来。

与此同时，大约有1000种以上的昆虫生活在森林中及湖泊、沼泽附近。它们与恐龙共同生活了近亿年，却没有像恐龙一样走向灭亡，它们之中的绝大多数都顽强地繁衍至今。

白垩纪——恐龙走向灭亡

白垩纪处于侏罗纪和古近纪之间，年代为约1亿3500万年前至6500万年前，是中生代最后一个纪，也是恐龙由鼎盛走向灭绝的时期。

在这一时期，大陆被海洋分开，地球变得温暖、干旱，生态系统呈现出欣欣向荣的局面。海洋里的海生爬行动物、菊石以及厚壳蛤等默默地在自己的生活轨道上行走，哺乳类、鸟类动物开始繁衍，有花植物首次出现。这时，恐龙的种类达到了极盛，称霸整个地球，其中最著名的霸王龙就是陆地上出现过的最大的食肉动物。

然而，到了白垩纪末期，地球上的生物经历了一次重大的灭绝事件：陆地上的爬行动物大量消失，其中占据统治地位的恐龙甚至遭到了灭顶之灾。一半以上的植物和其他陆生动物同时消失。究竟是什么原因导致恐龙和大批生物突然灭绝的呢？这个问题始终是地质历史中的一个难解之谜。目前，普遍被人们接受的观点是陨石撞击说。

而不同寻常的是，哺乳动物是这次灭绝事件的最大受益者。它们安然度过了这场劫难，并在随后的新生代占领了恐龙等爬行动物退出的生态环境，并迅速进化发展为地球上新的统治者。

数量庞大的恐龙家族

恐龙家族到底有多大？它们又是怎样分类的呢？

根据恐龙骨盆的构造特征不同，我们可以将恐龙划分为两大类：蜥臀目和鸟臀目。蜥臀目的骨盆从侧面看，耻骨在肠骨下方向前延伸，坐骨则向后延伸，这样的结构与蜥蜴有些相似。而鸟臀目的骨盆从侧面看，其肠骨前后都大大扩张，耻骨前侧有一个大的前耻骨突，伸在肠骨的下方，后侧更是大大延伸至坐骨，向水平方向延伸至肠骨的前下方。

辉煌的家族

迄今为止，世界上已命名的恐龙共有775个属，还有很多恐龙的归类有待考证。据估计，从三叠纪中期到白垩纪晚期，可能曾经有50万种恐龙在地球上生存。但由于各种原因，仅有很小的一部分变成了化石并且被人类发现。

蜥臀目家族

蜥臀目恐龙可以细分为蜥脚类和兽脚类。其中，蜥脚类又可以分为原蜥脚类和蜥脚形类。原蜥脚类主要生活在三叠纪晚期到侏罗纪早期，它们是杂食或素食性的中等大小恐龙。蜥脚形类主要生活在侏罗纪和白垩纪。它们绝大多数都是巨型的素食恐龙，头小、脖子长、尾巴长、牙齿呈小匙状。蜥脚亚目的著名代表是生活在侏罗纪晚期的马门溪龙，它们生活于我国四川、甘肃一带。比较有趣的是，马门溪龙由19节颈椎组成的脖子长度约等于它体长的一半。

而兽脚类恐龙生活在晚三叠纪至白垩纪。它们都是肉食性恐龙，用后足行走，脚趾端长有锐利的爪子，头部很发达，嘴里长着像匕首一样的利齿。其中最著名的代表就是霸王龙。

鸟臀目家族

鸟臀目恐龙比蜥臀目恐龙复杂一些，主要分为五大类：鸟脚类、剑龙类、甲龙类、角龙类和肿头龙类。

鸟脚类恐龙是鸟臀目中乃至整个恐龙大类中化石最多的一个类群。它们能够用后足或四肢行走，具有角质喙，没有牙齿，通常以喙获取食物，再用白齿样的颊牙将食物磨碎，其方式类似于现代牛、鹿等反刍动物。

剑龙类恐龙能够用四肢行走，其背部具有直立的骨板，尾部有两对骨质刺棒。剑龙类恐龙主要生活在侏罗纪到早白垩纪，是恐龙中最先灭亡的类群之一。

在中国，人们发现了哪些恐龙？

中国可以算是恐龙之乡，这一点我们可以很自豪呢！像永川龙、沱江龙、马门溪龙、特暴龙、黄河巨龙、栾川盗龙、伶盗龙、诸城暴龙、山东龙、青岛龙、峨眉龙、查干诺尔龙、巨型汝阳龙、中华盗龙等，都是在中国发现的。

甲龙类恐龙以植物为食，主要生活在白垩纪。它们的体形低矮粗壮，全身披着骨质甲板，就像全副武装的坦克。所以，甲龙又被大家称为"坦克龙"。

角龙类恐龙长得和现在的犀牛很像：体形粗壮，用四肢行走，而且都是草食性动物。角龙的头骨都十分硕大，前端长有犄角，这是它们对抗肉食性恐龙的主要武器。

肿头龙类恐龙的体长大多超过4米，头顶突起，就像长着一个巨瘤。它们喜欢用两条粗壮的后足走路。

颇具幸福感的
恐龙生活

恐龙是运用哪些本领来适应环境的呢？

恐龙一直在进化，以此来适应各种不同的栖息环境。人们通过对一些化石的研究发现，有些恐龙，如腔骨龙、剑龙和禽龙等喜欢成群生活；而有些恐龙，如异特龙喜欢单独或三五成群地生活。很多年以前，人们一直认为

恐龙是一种行动迟缓且笨拙的动物，生活方式很像现代的爬行动物。但最近的证据显示，许多恐龙比我们想象的要活跃，比如大多数恐龙能直立起来，腿和足的结构更像鸟类而不是爬行类动物。

种类繁多，食性不同

在恐龙统治世界的1.75亿年中，地球的气候一直比较稳定。从早侏罗纪到晚白垩纪，恐龙家族由于十分适应环境而得以迅速发展，不仅种群数目大大增加，而且在体形、习性等方面均表现出多样化的发展趋势。其中的大个子恐龙有几十头大象加起来那么大，小个子恐龙却跟一只鸡差不多大。就食性而言，恐龙中有温驯的素食者，也有凶残的肉食者，还有荤素兼吃的杂食性恐龙。

植食性恐龙

植食性恐龙大多生活在靠近水源的森林地带，过着依山傍水的好日子。这主要是为了能更加便利地饮水和取食。植食性恐龙中，最具代表性的有腕龙、梁龙、雷龙等。它们都拥有长长的脖子，这样就能轻易地吃到高大乔木上的嫩叶，同时也便于它们在夏天时就近泡水消暑。

另外，如剑龙、原角龙、三角龙等则喜欢集群生活在辽阔宽广的草原上，如果遇到肉食性恐龙的侵犯，它们就会联合起来，向侵略者发动攻击，以保障整个群体的安全。

肉食性恐龙

肉食性恐龙大多居无定所，比如著名的霸王龙。它们有时住在山林中的洞穴里，有时住在茂盛的丛林中。至于捕猎，它们最擅长的方式是突袭。

霸王龙喜欢用它那粗大有力的尾巴横扫猎物，将其打昏，再冲过去一口咬住。这种方式迅速而有效，是大型肉食性恐龙的猎食方式，如异特龙、泰氏龙、重爪龙都会使用这种方式捕猎。

而中小型肉食性恐龙，如恐爪龙等喜欢集体行动。不论是猎捕食物，还是外出迁徙，以恐爪龙为代表的中小型肉食恐龙都群体行动，决不单独出行。它们集合的速度极快，捕猎时以扑杀的方式进行群攻，使被盯上的猎物几乎没有逃生的机会，只能乖乖地成为这些恐龙的美餐。

最早给恐龙命名的科学家是谁？

杂食性恐龙

拟乌龙、始祖乌龙、凌齿龙等都是杂食性恐龙的代表。它们极少群居，大多零零散散地分布在各处，只有在迁移或远行时才会集体行动。杂食性恐龙中，有一些主要以腐肉为食，而更多的喜欢吃昆虫。平日，它们大多生活在幽静的深山老林中。为什么它们喜欢这样的生活环境呢？最主要的原因是它们觉得自身不够强大，隐蔽起来才能够逃避外敌的伤害。此外，深谷、密林中有各种植物，昆虫也非常多，取食较为容易。

是英国生物学家理查德·欧文。最早，欧文将这类动物称为"Dinosaurs"，意思是恐怖的蜥蜴。后来，日本学者把它翻译成恐龙。

遍布世界的恐龙足迹

每个洲都有恐龙生存过的痕迹吗?

世界上不少地区都发现了恐龙化石,有些地区的恐龙化石特别丰富,比如美国的犹他州和科罗拉多州一带,加拿大的阿尔伯塔省,非洲的坦桑尼亚,亚洲的中国、蒙古国的某些地区等。我国的内蒙古草原、四川盆地、云南的禄丰盆地、河南南阳地区、广东河源地区、山东以及辽宁的西部地区等,都发现了恐龙化石。我国是一个名副其实的恐龙大国。

美国的恐龙公园

在美国西部的犹他州和科罗拉多州一带，盛产侏罗纪晚期的恐龙化石。大名鼎鼎的恐龙界大汉，如长脖子的雷龙、梁龙，身披骨板的剑龙，还有大型肉食性恐龙——异特龙，都是在这里发现的。

加拿大的恐龙大省

加拿大西部的阿尔伯塔省是个恐龙大省，这里发现了大量白垩纪晚期的恐龙化石。如非常著名的霸王龙、鸭嘴龙、甲龙、角龙化石都是在这里发现的。阿尔伯塔省还建有世界上最大的恐龙公园。

最重的恐龙产自非洲

坦桑尼亚的坦达咕噜是侏罗纪晚期恐龙的著名产地，曾有大量巨型蜥脚类恐龙化石出土。最有名的要数腕龙，它是世界上已知体重最重的恐龙。

最大的恐龙王国

中国的内蒙古草原与蒙古国是白垩纪早期至晚期恐龙化石的重要产地。有人认为，白垩纪时期这里很可能是地球上最大的恐龙王国。这里主要出土原角龙和甲龙的化石，从幼年的至成年的都有发现，甚至还有恐龙蛋化石、恐龙胚胎化石，十分珍贵。

恐龙大国

中国是当之无愧的恐龙大国。我国云南的禄丰地区是侏罗纪早期恐龙化石的重要产地，著名的禄丰龙就是在这里发现的。近年来，科学家还在这里发现了侏罗纪中期的恐龙化石。

四川盆地是侏罗纪早、中、晚期恐龙化石的重要埋藏地，其中以中期和晚期的恐龙化石最为丰富，著名的蜀龙、马门溪龙、峨眉龙、永川龙、华阳龙、沱江龙等都产自这个盆地。特别值得一提的是自贡地区，这里盛产侏罗纪恐龙及其同时期动物化石，以大山铺的侏罗纪中期恐龙化石群最负盛名。大山铺恐龙动物群填补了世界恐龙演化史上从原始到进步的中间阶段某些缺失的环节，具有重要的意义和科学研究价值。

河南南阳地区和广东河源地区则是盛产恐龙蛋化石的地区。近年来，仅河南西峡一县就出土了5000多枚恐龙蛋化石。广东河源市更是出土了上万枚恐龙蛋化石，并因此被载入吉尼斯世界纪录。

中国的"白垩纪公园"

辽宁西部地区出土了大量保存精美的白垩纪早期植物、无脊椎动物和脊椎动物的古生物化石，是世界上最重要的白垩纪早期化石宝库，被誉为中国的"白垩纪公园"，并引起了世人的极大关注。在这里发现的"热河生物群"更是让全世界震惊，涉及生物演化的一些重大问题，意义非同一般。其中，中华龙鸟、北票龙、中国鸟龙、尾羽龙、原始祖鸟等长羽恐龙的发现，更使辽西成为世界上恐龙发现和研究的热点地区。

在中生代时期，地球上陆地和海洋的位置与现在的相比，有很大的不同。那时大陆板块连成一片，因此现在全世界各大洲都有恐龙生活的痕迹，甚至包括目前冰天雪地的南极洲。

恐龙生活的范围究竟有多广？

奇异的恐龙灭绝之谜

你知道为什么现在没有恐龙吗?

在2亿多年前的中生代,空气温暖而潮湿,食物繁多且很容易获得。庞大的恐龙家族在地球上统治了1亿多年。然而,在6500万年前的某一段时间,不知因为什么原因,这个家族竟然全部灭绝了。今天,人们只能用那时留下的大批恐龙化石来还原它们的本来面目。

小行星撞击说

关于曾经的地球霸主——恐龙是如何灭绝的，各种说法层出不穷。其中被人们普遍接受的是小行星撞击说。据科学家推测，当时，一颗类似小行星的天体不仅撞击了地球的中美洲地区，还撞破了地壳，致使地球内部岩浆喷涌而出。撞击造成的超级火山爆发，使整个地球被浓浓的火山灰和毒气所覆盖，地球上的生物长时间照不到太阳光和月光。因此，植物无法进行光合作用，致使大气层的氧气含量越来越低。从大多数恐龙化石中还原的当时恐龙死亡的姿势来看，当时它们都非常痛苦，很有可能就是缺氧造成的。

小行星撞击说已经获得了许多科学家的支持。

气候变迁说

持这一观点的科学家认为：6500万年前，地球上的气候陡然变化，气温大幅下降，造成大气层的含氧量下降，令恐龙无法生存。还有一些人认为：恐龙属于冷血动物，身上没有毛和保暖器官，所以无法适应地球气温下降的环境，因此都被冻死了。

恐龙的寿命有多长?

地磁变化说

现代生物学证明，某些生物的死亡与磁场有关。在地球磁场发生变化的时候，那些对磁场比较敏感的生物，就有可能灭绝。有人由此推测，恐龙的灭绝可能与地球磁场的变化有关。

被子植物中毒说

恐龙年代末期，地球上的裸子植物逐渐消亡，取而代之的是大量的被子植物，而这些植物中含有裸子植物中所没有的毒素。形体巨大的恐龙食量奇大，大量摄入被子植物，导致体内的毒素积累过多，最终被毒死了。

物种斗争说

有人认为，白垩纪末期，最初的小型哺乳类动物出现了。这些动物属啮齿类食肉动物，可能以恐龙蛋为食。由于这种小型动物缺乏天敌，数量越来越多，最终吃光了恐龙蛋，使得恐龙无法繁衍后代。

大陆漂移说

地质学研究证明，在恐龙生存的年代，地球的大陆连在一起，即"泛古陆"。于是，有人引用这一研究认为，由于地壳变化，"泛古陆"在侏罗纪发生了较大的分裂和漂移现象，最终导致环境和气候改变，恐龙因此而灭绝。

通常来说，大型动物的寿命要比小型动物长。如果运气好的话，植食性恐龙可以活200年。而植食性恐龙中的长寿冠军——腕龙，甚至可以活到300岁呢!

酸雨说

　　这种假说认为，白垩纪末期可能下过强烈的酸雨，使土壤中包括锶在内的微量元素被溶解。恐龙通过饮水和食物直接或间接地摄入锶，出现急性或慢性中毒，最后一批批地死掉了。

　　关于恐龙灭绝原因的假说，远不止上述这几种。但不管哪种说法都存在不完善的地方。因此，恐龙灭绝的真正原因，至今还没有定论。不过恐龙虽然灭绝了，鳄鱼、蜥蜴、乌龟等爬行动物仍生存至今，其中的缘由值得深思。

意义非凡的
恐龙化石

为什么恐龙灭绝了，
我们还能清楚地了解
它们呢？

恐龙死后，骨骼、牙齿等被埋在泥沙中，处在高温、高压、无氧的环境下。经过几千万年甚至上亿年的沉积作用，恐龙的骨骼完全石化而被保存下来。此外，恐龙生活时的遗迹，如脚印等也以化石的形式留存了下来。

目前，世界上最大的恐龙蛋化石是在我国浙江省天台县出土的。这枚恐龙蛋化石重约5千克，长约40厘米。

你知道最大的恐龙蛋有多大吗？

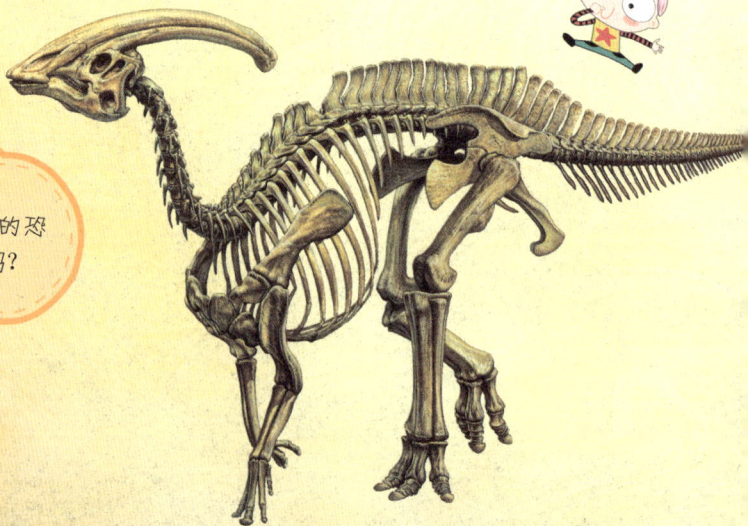

发现恐龙化石第一人

　　虽然恐龙的化石已经在地球上存在了数千万年。但直到19世纪，人们才知道地球上曾经存在过如此奇特、庞大且种类繁多的动物。第一个发现恐龙化石的人是一名医生，他的名字叫吉迪昂·曼特尔。曼特尔医生平时就有收集岩石和化石的嗜好。1820年，他和夫人玛丽安发现了一些嵌在岩石里的巨大牙齿。曼特尔医生从没见过这么大的牙齿。当他在附近又发现了许多巨大的骨骼后，他开始对这些不寻常的发现物展开认真的研究。最终，曼特尔医生得出一个结论：这些牙齿和骨骼应该属于某种体格庞大的爬行动物，他将这种不知名的动物命名为"禽龙"。

恐龙研究热潮

　　在曼特尔医生后，英国又发现两种巨大爬行动物的骨骼。它们分别被命名为"斑龙"和"森林龙"。直到1841年，这些巨大的爬行动物才有了正式的名字。英国杰出的科学家理查·欧文爵士将它们命名为"恐龙"，意为"恐怖的蜥蜴"。从此，全世界掀起了一股研究恐龙的热潮，许多科学家都兴致勃勃地投入了挖掘恐龙化石的行列。

中国的恐龙"木乃伊"

2008年12月26日，中国北京自然博物馆展出了世界上发现的第五具恐龙"木乃伊"，也是在我国发现的第一具恐龙"木乃伊"。它距今已有1.2亿年的历史，是辽西地区发现的最小个体的恐龙"木乃伊"。这是一只鹦鹉嘴龙，人们通过它甚至可以清楚地看见恐龙的深层皮肤，十分珍贵。

恐龙"木乃伊"

1999年，16岁的美国少年泰勒·莱森在美国北达科他州发现了一具保存完好的恐龙"木乃伊"。它的嘴巴像鸭子一样，并且皮肤几乎完整无缺。这具已成木乃伊状的恐龙生活在6700万年前。它很年轻，属于一种相对较为常见的恐龙——埃德蒙顿龙，又被称为"达科他龙"。这种恐龙靠后足行走，体长为7.5～9米，重达3～4吨。

恐龙化石的保存地

只有少数相当特殊的地质环境能够将化石保存完好，其中最常见的是质地细致的沉积岩。恐龙化石由于年代久远，保存难度极大。

索伦霍芬　德国的索伦霍芬采石场在恐龙生活的年代是个热带浅海。在索伦霍芬的石灰岩层中，保存有美颌龙属的化石，以及早期鸟类始祖鸟等岛栖动物的遗骸。

火焰崖　蒙古戈壁沙漠的火焰崖保存了很多白垩纪晚期的动物化石，包括原角龙、窃蛋龙、迅掠龙等。从20世纪20年代发现火焰崖有化石以来，人们已经在这里挖掘出不少闻名世界的恐龙标本。

科摩断崖　19世纪70年代，科学家们在位于美国怀俄明州的科摩断崖发现了不少恐龙的骨骼化石，其中大部分都是蜥脚类恐龙的骨骼。从19世纪90年代以来，美国自然博物馆的科学家们在这里已经发现了数百件标本。

月谷　月谷是位于阿根廷西部的一个荒芜峡谷，人们就是通过对这里发掘出的化石进行研究，才第一次知道了恐龙的存在。月谷出土的恐龙化石包括三叠纪晚期的喙龙类群和其他爬行动物类群，其中包括早期的兽足类恐龙——始盗龙和埃雷拉龙。

禄丰　中国云南禄丰县的方圆10平方千米的恐龙山地区，是举世闻名的恐龙之乡。1938年，考古学家在这里首次发现完整的恐龙化石，之后陆续挖掘出数十具恐龙骨架。经鉴定，这里有30多种恐龙，是世界上最原始、最古老、最丰富、最完整的脊椎动物化石群。

从不挑食的腔骨龙

生活时代：2亿年前的三叠纪晚期、
侏罗纪早期至白垩纪早期

化石分布：美国

家族：蜥臀目兽脚类

食性：肉食性

短跑能手

腔骨龙是已知的出现得最早的恐龙之一，也是最早发现的具有完整骨骼的恐龙。

腔骨龙长得就像一只大鸟，拥有细长的颈部和可以灵活转动的脑袋。它们的牙齿十分锋利，切起肉来又方便又快捷。

腔骨龙的骨头全都是空心的，身体非常轻巧，同时它们又拥有强有力的后肢，因此奔跑起来速度快极了，是个不折不扣的短跑能手。此外，腔骨龙还有一条长长的尾巴，就像舵一样，可以让它们在疾速奔跑中保持身体平衡。

最节能的排泄方式

腔骨龙能够通过尿酸的形式，将身体内多余的含氮物质排出体外。这种排毒方式与人类有很大的不同，人类排出含氮物质时，往往需要用水来稀释，最后以尿液的形式排出体外。因为尿酸不需要用水稀释，所以腔骨龙得以节省了大量的水分，可以说在同样的生存条件下，它比人类更加耐渴。

上过太空的化石

腔骨龙化石是第二个进入太空的恐龙化石，慈母龙化石则是第一个进入太空的恐龙化石，比腔骨龙早3年。1998年1月22日，一个来自美国卡内基自然历史博物馆的腔骨龙头颅随着"奋进号"航天飞机来到了"和平号"太空站里，之后又跟随航天飞机返回地球。

是谁最早发现了腔骨龙化石？

从不挑食

腔骨龙的头部长而狭窄，牙齿是标准的肉食性恐龙的牙齿，锐利并呈锯齿状，像剑一样向后弯，牙齿的前后缘有着小型的锯齿边缘。腔骨龙带有利爪的前肢十分灵活，便于捕捉小动物。它既能猎食小型哺乳动物、蜥蜴类爬行动物，也能成群结队地袭击大型食草恐龙，有时也吃腐肉。可以说，腔骨龙是不挑食的恐龙。

幽灵牧场

在美国新墨西哥州的"幽灵牧场"，人们曾发现大量的腔骨龙及其他动物的化石。科学家认为，这些动物当时很可能正聚集在一起猎食，或从废弃的水坑中喝水，或捕食刚出生的鱼类，接着被突发性的洪水卷走而集体丧命。在"幽灵牧场"的腔骨龙标本中，科学家还发现了其他幼龙的标本，再一次证明了腔骨龙是一种肉食性恐龙。事实上，洪水在当时是非常普遍的，科学家的上述推测完全可信。而"幽灵牧场"出土的大量标本，也为进一步研究腔骨龙提供了素材。

1881年，一个名叫大卫·鲍德温的业余化石搜集者发现了腔骨龙的第一个化石。

穿山甲的前身
——棱背龙

生活时代：约2亿300万～1亿9400
        万年前的侏罗纪早期
化石分布：英国、美国
家族：鸟臀目鸟脚类
食性：植食性

恐龙中的小家伙

　　棱背龙是最早被发现的完整的恐龙。棱背龙又叫腿龙，是一种用四肢行走、有较轻骨板的植食性恐龙，身长约4米。与其他大型恐龙相比，它只能算个小家伙。棱背龙的后肢比前肢长，后肢下半部的骨头较粗短。当用后肢支撑身体时，它的身体就可以直立起来，使它能吃到高处的树叶。但科学家经过测量发现，它的前脚掌与后脚掌一样大，有四个脚趾，最内侧的趾骨是最小的。这表明在更多的时间里，棱背龙还是习惯于用四肢走路。

慢腾腾先生

棱背龙不仅身材矮小，腿更是又粗又短，而且身躯还是滚圆滚圆的。当它走路时，肚皮都快贴到地上了，因此行动十分缓慢。棱背龙虽然走得很慢，走起来却很有个性，喜欢把屁股撅得高高的，尾巴挺得直直的，就像一个神情傲慢的绅士。

独特的装甲

棱背龙生活在侏罗纪早期的北美洲，那时是恐龙的全盛时期，恐龙的数量很多，它们之间的斗争也很激烈。残忍的肉食性恐龙们到处寻觅自己的美食。为了生存下去，植食性恐龙们不得不发展出各自的御敌术。而小个头的棱背龙当然也不例外，它也有自己的秘密武器——一身坚固的装甲，以及装甲上密密麻麻、锋利无比的尖刺。

当肉食性恐龙发动进攻时，棱背龙就会快速地把身体缩成一团，像刺猬似的只把自己身上的尖刺露在外面。要是有哪个冒失鬼敢上去咬一口，结果不但吃不到肉，反而会弄得满嘴鲜血直流，甚至连牙齿都有可能崩断呢。肉食性恐龙无法下嘴，只好灰溜溜地走开了。

缺乏咀嚼功能的棱背龙

棱背龙是一种植食性恐龙。它的嘴巴不大，嘴部的最前端是窄窄的喙。当它需要进食时，这个像把小剪刀似的喙就会瞄准目标，"咔嚓"一下将树叶或果实"剪"下来，再经过颚部简单的上下运动，就匆匆忙忙地把食物吞进肚子里去了。

由于缺乏咀嚼功能，棱背龙只能不时地吞些小石头到肚子里，以帮助胃磨碎食物。这种进食方式与现代的鸟类、鳄鱼很相似。

什么龙和棱背龙长得最像？

由中国古生物学家命名

　　1869年，美国古生物学家爱德华·科普提出了棱背龙的概念。不过，这种恐龙的确切命名，是由中国古生物学家董枝明提出的。除了棱背龙，董枝明还曾为另外30多种恐龙命名，是世界上给恐龙命名最多的人。棱背龙化石已在中国、英国以及美国的亚利桑那州等地相继被发现。

剑龙和甲龙与棱背龙长得都挺像的，属于同一科。不过，因为棱背龙出现得太早了，也没有它们有名，所以知道它的人并不多。

头顶双冠的双脊龙

生活时代：侏罗纪早期
化石分布：美国
家族：蜥臀目兽脚类
食性：肉食性

身手敏捷

　　双脊龙长约6米，站立时头部高约2.4米，体重达半吨。因为头顶上长着两片大大的骨冠，所以人们称它为双脊龙。双脊龙的前肢短小，善于奔跑，是侏罗纪早期的肉食性恐龙。它的嘴部前端特别狭窄，而且十分柔软灵活，可以从矮树丛中或石头缝里将那些细小的蜥蜴或其他小型动物衔出来吃掉。与后来的大型肉食性恐龙相比，双脊龙的身体显得很"苗条"，行动也很敏捷。

头冠的秘密

　　双脊龙的头上有圆而薄的头冠。最初，有的古生物学家认为头冠是雄性双脊龙争斗的工具。但是经考证发现，双脊龙的头冠比较脆弱，不太可能用于打斗。所以又有一些古生物学家认为，双脊龙的头冠也许只是用来吸引异性的。头冠大的双脊龙可能在群居中占有较大的地盘，并拥有更多的机会交配生子。

如何捕猎

　　双脊龙能够飞速地追逐植食性恐龙。比如全力冲刺追逐小型、稍具防御能力的鸟脚类恐龙，或者体形较大、较为笨重的蜥脚类恐龙。追到猎物后，双脊龙会用长牙咬住猎物，同时挥舞脚趾上的利爪抓紧食物，然后美美地吃上一顿。

二十多年的误会

双脊龙标本是于1943年夏天被发现的。在被送到美国加利福尼亚州立大学柏克利分校清理时，它被误认为魏氏斑龙的化石。1970年，考察人员重返标本发现处，并测定了该地的地质年代时，又发现了一个新的标本。这个新标本具有两个明显的冠饰。直到这时，它才被确认是一个独立的属，并被命名为双脊龙。

中国双脊龙

中国双脊龙有三个种，分别是月面谷双脊龙、奇特双脊龙及中国双脊龙。

其中最特殊的是第二种——奇特双脊龙。这种恐龙的形态其实更接近南极洲的冰脊龙。这个物种是于1987年在中国云南省与云南龙一起被发现的。

2001年，有新的研究指出，不同性别的双脊龙的圆冠大小也不同。科学家通过研究双脊龙的头颅又发现，在它的第一排牙齿后有一个凹口，因此中国双脊龙的样子很像鳄鱼。

给《侏罗纪公园》挑刺儿

在1993年上映的著名电影《侏罗纪公园》中，双脊龙被描述成一种会喷毒液的恐龙。在电影中，双脊龙的颈部拥有可收缩的皱褶，类似于褶伞蜥；而且还能射出致盲毒液，使猎物失明且瘫痪，类似于眼镜蛇。电影还将双脊龙的体型缩减，成为身长仅为1.5米、高度为0.9米的小型恐龙。从科学角度来讲，还没有证据表明双脊龙有这样的特点和行为。不过从艺术的角度来说，这也许无可厚非。

我国云南省曾经发现过双脊龙，这太让人兴奋了！

云南省出土的双脊龙的骨骼化石，可以在香港科学馆里看到哦！下次和爸爸妈妈一起去香港时，别忘了去看一看。

携带飞行器的喙嘴龙

生活时代：侏罗纪中期到晚期
化石分布：德国
家族：鸟臀目喙嘴龙类
食性：杂食性

喙嘴龙素描

　　喙嘴龙生活在1.3亿年前，是一种比较原始的翼龙。它的全身披着细小的皮毛，翅膀完全展开时可达2米左右。

　　喙嘴龙的尾巴很长，末端有垂直伸长的像苍蝇拍子一样的舵状皮膜。科学家经过研究发现，喙嘴龙祖先的尾巴上有许多小的突起，在进化过程中形成舵状皮膜。这种长尾巴上的舵状皮膜能使翼龙在飞行时保持平衡，特别是在空中改变飞行方向时，能起到稳定身体的作用，很像飞机上的自动稳定器。

　　喙嘴龙有很大的喙状骨，胸骨上有控制飞行的肌肉。它的身子较小，头骨较重，且长在一个长长的脖子上。这样的喙嘴龙居然能飞起来，简直就是一个奇迹。

最爱吃鱼

喙嘴龙的嘴巴又尖又窄，且上、下颌都生有许多大而尖利且向前倾斜的牙齿。而这种牙齿的形状和生长方向就是为捕鱼准备的。喙嘴龙几乎贴着海面飞行，同时将嘴伸入水中捞鱼。要想从水中叼住滑溜溜的鱼，还真得靠这类牙齿呢。同时，一些拥有丰富蛋白质的小昆虫，对于喙嘴龙来说也是非常诱人的食物。

不过，喙嘴龙长长的喙不单单只是为了吃鱼或昆虫才演化出来的，这种喙还是吃海龟蛋的好工具。每年当母龟产完卵离开海岸后，大量的喙嘴龙就会疯狂地前来抢食这些营养丰富的卵。

最小的喙嘴龙

目前发现的最小的喙嘴龙标本，身长只有29厘米。但一些特征表明，它们已经具有飞行能力。因此，有科学家推论，喙嘴龙刚孵化出来就具有行动能力，也就是说它们出生后不久就会飞行，不需要父母的长期哺育。从这个角度来说，喙嘴龙真的好厉害哦！

喙嘴龙是一种恐龙吗？

从严格意义上说，喙嘴龙是一个总称，代表性的种类有无尾蠼翼龙、舟颌翼龙、双形齿翼龙等。

冷血动物

　　最近的研究表明，喙嘴龙可能并不像人们之前认为的那样，是恒温动物，其实它们是一种冷血动物。它们需要在阳光下曝晒或进行激烈运动，才能获得足够的能量来飞行，然后又会在阴影处散发多余的热量。这种行为类似于现代的爬行动物。

出生在四川的蜀龙

生活时代：约1亿7000万年前的
　　　　　侏罗纪
化石分布：中国
家族：蜥臀目蜥脚类
食性：植食性

来自四川的龙

侏罗纪中期，在中国四川一带，生活着一种原始蜥脚类恐龙——蜀龙。蜀龙化石就是在四川省自贡市被考古学家发现的。

蜀龙身长约12米，体重大约有两头成年大象那么重。它用粗壮的四肢支撑起庞大的身体，走起路来慢腾腾的。蜀龙喜欢群居生活，还喜欢和鲸龙一起成群出现。

挑剔的"美食家"

在恐龙世界里，蜀龙可以算是个挑剔的"美食家"了。为了能时时品尝到美食，它们特意将家安在水草丰美的湖边，嘴里塞满鲜嫩的枝叶，细细品尝甘醇的植物汁液。不过，蜀龙可不是所有的叶子都吃，它们只吃低矮树木上的叶子和嫩芽。因为这些树的树干短，所以大部分养分会聚积在嫩叶上。这样的嫩叶又好吃又营养。

这样看来，蜀龙不仅是"美食家"，还是地道的"营养学家"呢！

恐龙究竟是什么颜色的？

我们无法从化石上看出恐龙的原本肤色。不过，古生物学家认为，恐龙身体的颜色应该和土地的颜色相近，可能是灰色、绿色或棕色的。

勺子状的牙齿

　　蜀龙的嘴里一共有40多颗牙齿,包括4颗前颌齿、18颗颌齿和20颗臼齿。这些牙齿有点像树叶的形状,可是边缘因为没有锯齿,所以看起来更像勺子。这也难怪蜀龙最爱吃鲜嫩的树叶了。原来除了嫩叶多汁好吃外,关键的原因是它们根本咬不动那些硬硬的枝条。

秘密防身武器

蜀龙的前肢要比后肢短很多，身体又相当笨重，而且它还习惯于四肢着地爬行，因此走起路来非常缓慢，速度简直和乌龟差不多。那么，一旦遇到敌人，蜀龙该怎么办呢？

其实，蜀龙也有自己的秘密防身武器。蜀龙的尾巴很长，末端长着尾椎。尾椎圆鼓鼓的，就好像一个小足球，里面全是骨头，上面还有两对短钉。当遇到危险时，蜀龙只要抡起尾巴，狠狠地朝敌人砸过去，保证吓得袭击者来不及攻击就逃跑了。如果有哪个不怕死的敢上前，保准被打得头破血流。

会架桥梁的梁龙

生活时代: 约1亿5000万~1亿4700
万年前的侏罗纪

化石分布: 美国
家族: 蜥臀目蜥脚类
食性: 植食性

最大的动物

　　梁龙是最容易辨认的恐龙。它们有着巨大的身体，长长的脖子和尾巴，还有极其强壮的四肢。这样庞大的体形足以吓退同一时期的异特龙、角鼻龙等猎食动物。

　　梁龙是有史以来陆地上最大的动物之一。它的体长可达30米以上，身高约12米，相当于4层楼的高度呢。

脖长身轻

　　虽然梁龙是个庞然大物，长着8米左右的细长脖子，13米长的大尾巴以及像柱子般粗的四肢，但它的脑袋非常小巧，身体也很短，很多骨头都是空心的。因此看上去无比庞大的梁龙，体重其实很轻，仅重10余吨。许多比它小得多的恐龙，如马门溪龙等，体重却是它的好几倍呢。

　　梁龙的脖子虽长，但科学家运用电脑模拟发现，它不可能把头抬到身体的水平以上太高的位置，因为它们的脖子不像天鹅那样容易弯曲。不过，它们却能毫无困难地把头伸到地表，然后毫不客气地扫光地面上的植物。

成长迅速

　　梁龙的成长速度惊人。根据美国科学家克丽斯汀娜·可莉的研究发现，只需要10年左右的时间，梁龙就能长大成年。与其他动物相比，一头5岁大的象约重1吨，而同年龄的梁龙已重达10吨。

体长尾长双冠军

梁龙的体长一般为30米以上，有的甚至达到40～45米。如果让二十几位10岁左右的小朋友头脚相接地躺在地上，他们组成的长度基本上和梁龙的体长差不多。所以，它是当之无愧的已知陆地动物的体长冠军。

梁龙的脖子长约8米，尾巴长达13～14米，也是陆地上尾巴最长的恐龙了。梁龙的尾巴不仅长而且根部柔软，所以抽打的速度很大，扫过空气时可以产生突破音速的鞭打声。这鞭子似的长尾巴可以帮助它抵御敌害，也可以赶走所到之处的其他小动物。遇到强敌时，一群梁龙会集体抽打尾巴，发出巨大的声响，以此来吓退妄想进攻的敌人。

梁龙吃什么呀？它长得那么高，是不是可以吃到最高处的叶子了？

人类认识的第一种恐龙

相信所有认识恐龙的人一定都认识梁龙。事实上梁龙化石早在1878年就已经被人们发现，梁龙可以说是人类认识的第一种恐龙。假设要我们画一幅恐龙的图画，或者在科幻影片里加入误闯恐龙园的情节，其中一定会出现梁龙的身影。在很长一段时间里，人们一直认为恐龙应该就是梁龙这个样子，梁龙成了恐龙这类动物的代表。

梁龙随时随地都在吃，它们常常成群结队地行动，4个小时就能吃掉1万平方米的苏铁林。但它不一定能吃到最上面的最新鲜的树叶，因为如果梁龙的颈部抬得太高，颈椎便会因为承受过大的压力而断裂。

身带狼牙棒的剑龙

生活时代：约1亿5500万～1亿4500万年前的侏罗纪

化石分布：加拿大、美国

家族：鸟臀目剑龙类

食性：植食性

身体像双层公共汽车

　　剑龙生活在侏罗纪中期，是一种巨大的恐龙。科学家认为，它们大多居住在平原上，喜欢群体活动，很多时候还和梁龙生活在一起。剑龙的身体庞大且沉重，其体长可达12米，高7米，重4吨，大概相当于一辆双层公共汽车。可是，与庞大的身体相比，剑龙的大脑竟然只有一粒核桃大小，使剑龙成为已知恐龙中头身比例最小的，所以它们并不聪明哦！

像座小山包

剑龙的后肢比前肢长很多且更强壮,这使得它站立时呈前低后高的姿势——肩部很低,臀部则高高耸起。远远望去,剑龙就像一座小山包,而山顶就是它的臀部。

剑龙的头部十分贴近地面,离地不超过1米,所以它们只能看见低矮的植物,并以这些植物为食。剑龙的门齿完全消失,取而代之的是像鸟一样的喙状结构。剑龙的牙齿也很小,并且呈三角形,所以这些牙齿并不能用来研磨食物。这就导致大多数时候它们只能将食物囫囵吞下,无法细细品味其中的美味了!

防御、炫耀与调节

剑龙的背上有一排巨大的骨质板,长着带有四根尖刺的危险尾巴。关于剑龙身上的尖刺与板状物的用途,古生物学界有许多不同的观点。有人认为,尖刺很可能是用来防御的,而板状物除了防御以外,或许还能用来炫耀及调节体温。有人甚至认为,这些板状物可以根据周围环境的不同而改变颜色,这种保护色可使它躲过敌人的视线。

剑龙的命名者是奥斯尼尔·查尔斯·马许,他曾经在1880年发掘了一具保存完好的剑龙颅骨化石。

剑龙这个名字真威武呀!是谁给它取的名字呢?

危险的"狼牙棒"

剑龙有一根鞭子似的尾巴，尾巴的末端有4根长达1米的钉状物，就像中国古代的兵器——狼牙棒。剑龙的脑袋小，不太聪明，没有锋利的牙齿，且属于植食性恐龙。但如果谁敢惹到它，它会毫不客气地狠狠甩动尾巴，抽打敌人，吓得敌人屁滚尿流，逃之夭夭。

化石的发现

在美国与加拿大西部的地层中，大约已经挖掘出80具剑龙的化石。过去，人们一直认为剑龙只分布于现今的北美洲地区。直到2006年，在葡萄牙境内也发现了新的剑龙属标本，显示当时的欧洲也有剑龙的存在。不过，北美洲还是剑龙的主要发现地带。美国的怀俄明州在1994年发现了一具半成熟剑龙的完整标本，体长4.6米，高2米，活着时的体重大约是2.3吨，这具标本目前收藏在美国怀俄明大学的地质学博物馆中。

胆小的高个腕龙

生活时代：1亿5600万～1亿4500万年
　　　　前的侏罗纪
化石分布：美国、坦桑尼亚
家族：蜥臀目蜥脚类
食性：植食性

庞然大物

　　腕龙有一个巨大的身躯，长着长长的脖子。它的身体非常笨重，体长24米，重达80吨。腕龙是曾经生活在陆地上最大的动物之一，也是最为人们熟知的恐龙之一。它的尾巴又短又粗，走路时四脚着地。它的前肢比后肢长，每只脚有五个脚趾。每只前脚中的一个脚趾和每只后脚中的三个脚趾上有爪子。腕龙的牙平直而锋利，鼻孔长在头顶上。腕龙有个非常小的脑袋，因此它可不太聪明哦。

食量超大

腕龙的脖子很长，能够轻易吃到其他食草类动物够不着的树梢上的嫩叶。吃东西时，腕龙不咀嚼，而是直接将食物吞下去。它一天要吃掉7.5吨食物，相当于10头大象的食量，真是名副其实的大胃王啊！

强大的心脏

腕龙是地球上出现过的恐龙中体形最大、体重最重的恐龙之一。一个成年人的头顶大概只达到这种庞然大物的膝盖。当它抬起头时，足足有4层楼那么高。

因为脖子很长，所以腕龙一定有颗巨大而强健的心脏，这样才能源源不断地将血液通过腕龙的颈部输入它的小脑袋里。因为腕龙实在太庞大了，一些科学家不相信它能有那么强大的心脏，所以他们认为腕龙也许有好几个心脏，才能将血液输遍全身。

哪里可以看到腕龙的化石骨架呢？

1900年发现的第一个腕龙标本，目前存放于美国芝加哥的菲尔德自然科学博物馆里。在芝加哥欧海尔国际机场的联合航空B大堂里，也有一具腕龙骨骼模型。

大个子，胆小鬼

别看腕龙个子大，但它的胆子非常小。肉食性恐龙一来，它们拔腿就跑，纷纷跑进水里躲藏起来。腕龙行动不太方便，因此一般都在近水的地方活动。水对于腕龙来说太重要了，水中的藻类、湖岸边的丛林为腕龙提供了丰富的食物，同时水又部分弥补了腕龙体重过大、行动不便的弱点。更重要的是，这确实能保障腕龙的安全。如果肉食性恐龙来了，腕龙会迅速转移到深水处，全身浸泡在水中，只把脑袋顶部的鼻孔露出水面呼吸，肉食性恐龙也拿腕龙没办法。

有科学家认为，腕龙的鼻孔长在头顶上，就是为了方便在水里泡着的时候换气。腕龙潜水的本领可不小，它们可以长时间潜在水里不用换气。一些研究者甚至认为，它们可以在水中潜20分钟以上呢！

不负责任的腕龙妈妈

腕龙喜欢群居，外出时也是成群结队。腕龙生小恐龙时不筑窝，而是一边走一边生。于是，这些恐龙蛋就形成了长长的一条白线。腕龙妈妈也不照看自己的孩子，所以小腕龙们都是自生自灭。其中能够活下来的，那真是够幸运啊！

两个脑袋?

　　腕龙生活的侏罗纪时期气候温暖,植物茂密,为它的生长提供了便利的条件。与所有爬行动物一样,腕龙的身体终生都在不停地生长。相比其他恐龙而言,腕龙的生长速度更快,吃得也更多。当周围的植物吃完后,它们能利用长长的脖子吃远处的植物,而不必移动身体。由于脖子很长,转动时很迟缓,要是再长个大脑袋就支撑不住了,所以它们的头非常小,与整个身体根本不成比例。

　　脑袋小,脑容量就小,这样协调身体运动的能力就比较差。所以,专家们认为,在腕龙的腰部可能长有一个神经节,替大脑分管内脏和四肢的运动。这就是专家们所称的"第二大脑"和"两个脑袋"的本意。

喜欢日光浴的沱江龙

生活时代：约1亿5000万年前的
　　　　　侏罗纪
化石分布：中国
家族：鸟臀目剑龙类
食性：植食性

沱江龙化石是中国四川出土的第一具完整的恐龙骨骼化石，同时也是亚洲第一具完整的剑龙类骨骼化石。沱江龙的体长大约为7.5米，头部很小，头顶又低又平，嘴巴又长又尖。

移动的石拱桥

沱江龙走起路来喜欢把背部高高拱起，长长的尾巴像扫帚一样拖在地上。远远看去，就像一座移动着的石拱桥。

边吃边隐藏

沱江龙最喜欢以灌木为食。首先，因为这些植物鲜嫩多汁，很适合沱江龙纤弱的牙齿；其次，沱江龙的嘴巴很小很尖，吞不下很大的东西，所以只能靠采摘植物为生。

低冠植物不仅喂饱了沱江龙，而且是一顶很好的保护伞呢。低冠植物大多长得很茂密，就像厚厚的帘子一样，使躲藏在其中的沱江龙不容易被食肉恐龙发现。如此一来，沱江龙就可以优哉游哉地饱餐一顿了。

剑板与尾刺

沱江龙从脖子、背脊到尾部，共生长着15对三角形的背板，比剑龙的背板还要多、还要尖利，其主要功能是用于防御敌人。

沱江龙的剑板较大，而且形状多样，颈部的呈桃形，背部的呈三角形，尾部的呈高棘状的扁锥形。从颈部到背部，剑板逐渐增高、增大、加厚。其中最大的一对就长在背部。这些剑板在沱江龙背面中线的两侧呈对称排列。

在沱江龙短而强健的尾巴末端，还有两对向上扬起的利刺，使它可以用尾巴击退所有敢靠近的肉食性恐龙。

沱江龙的日光浴

　　沱江龙的背板不仅可以御敌，还可以用来采集阳光。它们就像太阳能板那样，不断吸取热量。当这些背板中的血液在阳光的照射下不断升温时，热量就会通过血管传遍全身，就像热水在暖气管道中流动，从而使整个房间都变得暖暖的一样。所以，人们都说沱江龙的嗜好是晒日光浴。

据说沱江龙的牙齿很纤弱，那么它们怎么吃那些硬硬的食物呢？

仅靠牙齿，沱江龙根本不能充分地咀嚼那些粗糙的食物，所以它们在吃植物的同时会吞下一些石块，这些石块会帮助胃捣碎食物。

长满钉刺的钉状龙

生活时代：约1亿5000万年前的
侏罗纪
化石分布：坦桑尼亚
家族：鸟臀目剑龙类
食性：植食性

剑龙家族的小个子

　　钉状龙又名肯氏龙，与北美洲的
剑龙是近亲，但是两者在体形、身体
灵活度以及背板的形状方面有很大差
异。成年钉状龙的身长约4.5米，大小仅是剑龙的四分之一，
跟一头大犀牛差不多大，只能算是剑龙家族里的小个子。钉
状龙的嘴里有些小型的牙齿，这些牙齿呈独特的铲状，可以
咀嚼蕨类与低矮植物。

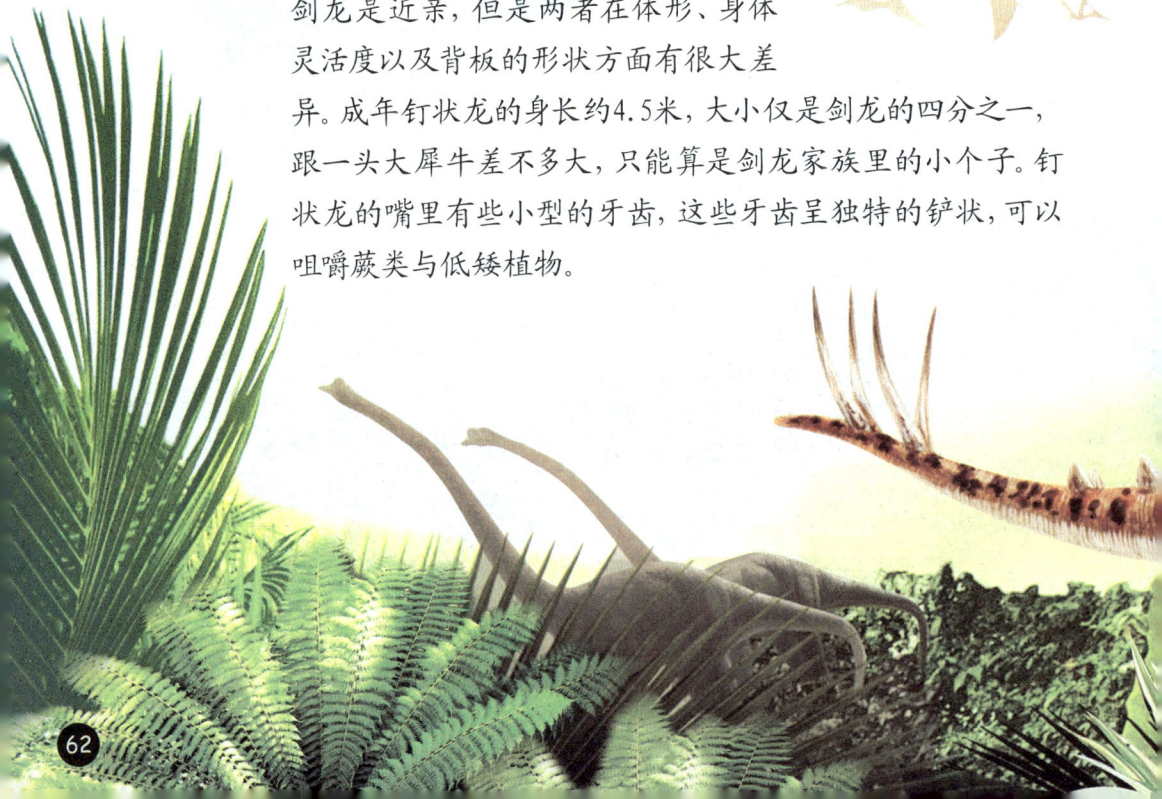

行动缓慢不活跃

从钉状龙的股骨的长度与腿的其他部分相比的结果来看，它是一种行动缓慢且不活跃的恐龙。钉状龙能够用后肢直立起来，以够到它想吃的树叶和树枝，不过平时走路时它们都是四足完全落地。

背上一排钉刺

钉状龙身材短小，用四条粗短的小腿载着沉重的身躯行走。不过，它们背上的钉板让对手一看就知道不是好惹的。从钉状龙的后背到它

的尾巴都分布着尖刺，前部的尖刺较宽，从中部向后，尖刺逐渐变窄、变尖，在双肩两侧还额外长着一对向下的尖刺，就像现在的豪猪一样。

钉状龙的装甲与剑龙不同，剑龙的骨板可调节体温，而钉状龙的尖刺只有自我防卫的功能。钉状龙有许多小型骨板沿着颈部与肩膀排列。而背部后方与尾巴上通常有6对尖刺，每根尖刺的长度约为30厘米。钉状龙可能被类似异特龙的兽脚类恐龙所猎食。当它们遭到攻击时，就会左右挥动带有尖刺的尾巴来吓退敌人。

喜欢"傍大腕"

与钉状龙生活在同一时代的，还有一些体形巨大的恐龙，如腕龙、梁龙和叉龙。人们戏称它是一种喜欢"傍大腕"的恐龙。

虽然和"大腕"们生活在一起，钉状龙能够避免一些危险，但面对这些巨大的植食性恐龙，在取食方面，钉状龙就要吃些小亏了。因为它根本抢不过那些大家伙，所以只能啃食离地不高的那些低矮灌木丛。不过，小朋友们也不用为钉状龙担心，它们寻觅食物的本领可强了。即使在干旱的季节里，它们也能从湿润的土壤里寻找到食物。

惨遇"二战"

1909年至1912年期间，德国的一个挖掘团队在东非发现了多种新的恐龙化石，钉状龙是其中最重要的成员之一。德国洪堡大学的洪堡博物馆曾经展示过一具几近完整的钉状龙化石，但这个博物馆在第二次世界大战中遭到轰炸，大部分钉状龙的化石遗失了。

钉状龙的化石骨骼都在"二战"中遗失了，好可惜啊！

因为德国的洪堡博物馆在第二次世界大战中遭到轰炸，这些化石遭到破坏，大部分遗失了。不过，最近传来一个好消息，近年来在该博物馆的地下储藏室里发现了钉状龙的颅骨！

"小独裁者"——美颌龙

生活时代：1亿4500万年前的侏罗纪
化石分布：德国、法国
家族：蜥臀目兽脚类
食性：肉食性

最小的恐龙

美颌龙是目前已知的最小的恐龙。它的身长不足1米，体重仅2.5千克，还不足一个西瓜重，除了细长的尾巴，就和一只母鸡差不多大小。古生物学家已发现两具保存良好的美颌龙化石，在这两具标本的肚子中留有小型蜥蜴残骸。因此，我们可以确定，美颌龙是肉食性恐龙。

美颌龙可真快乐，同时期几乎没有竞争者啊！

能高速运动的美颌龙

美颌龙有着细长的后肢和尾巴，尾巴在高速运动时能起到平衡身体的作用。美颌龙的前肢比后肢细小，前肢有三指，分别长有利爪，可以用来抓捕猎物。

美颌龙的头颅骨又窄又长，鼻子呈锥形，牙齿小而锋利，适合吃细小的脊椎动物及昆虫。

曾被误以为两指

已知的两具美颌龙标本中，一具标本是在德国发现的，长约89厘米；另一具标本是在法国发现的，长约125厘米。在德国发现的美颌龙标本中，前肢只有两指。这一度让科学家们认为美颌龙就是两指的。后来，在法国发现的美颌龙标本显示，美颌龙的前肢是有三指的。经过几番论证和发现，科学家终于证实美颌龙是三指的。从这里我们可以发现，知识不是一成不变的，科学总是在不断地往前发展中完善。

是呀，别看美颌龙长得小，由于它们生活的沙漠和岛屿的资源有限，所以在当时的环境中，它们可是最强大的肉食性恐龙哦！

敏捷而迅速

从目前发现的美颌龙的标本来看，它以小型的脊椎动物为食。比如在德国发现的第一具化石，科学家断定留存在它肚子里的是一只巴伐利亚蜥。并且，科学家从该蜥蜴的尾巴及肢体的比例认定，这种蜥蜴能快速而灵活地奔跑。要捕捉到这样的猎物，美颌龙的动作当然需要更敏捷、更迅速才行。

而且更令人称奇的是，美颌龙有一种穷追不舍的精神。当猎物爬上树去躲避时，它也会跟着爬上去，不抓到猎物誓不罢休。

海岸边的独裁者

侏罗纪晚期，欧洲是一片干旱的热带群岛，位于古地中海的边缘。人们发现美颌龙的化石所处的石灰岩层中包含海洋生物的外壳。这一地层中包含了许多海洋动物的化石，比如鱼类、介虫、棘皮动物以及海洋软体动物等。这些与美颌龙处于同一时代的生物化石表明，美颌龙是栖息在海岸边的。而另一点引起科学家兴趣的是，其他恐龙并没有与美颌龙一同被发现，这可以证明，这种小巧的恐龙是这些群岛上的最佳捕猎者。所以，我们可以推断，当时美颌龙一定生活得有滋有味，成为海边的独裁者，没有其他动物能与之抗衡。

因小而著名

美颌龙因为发现得较早，且骨架较完整，所以最为人们熟悉，同时更因它的体形小而非常出名，经常出现在儿童读物或科幻影片中。比如，著名的电影《侏罗纪公园：失落的世界》，虽然影片经过了艺术加工，将另一种小型龙的特点也赋予了美颌龙，不过电影中的大部分关于美颌龙的描述还是比较尊重科学事实的。如果你对美颌龙有兴趣的话，可以看看这部电影。

可怜的大块头——弯龙

生活时代：侏罗纪晚期至白垩纪早期
化石分布：欧洲西部、美国西部
家族：鸟臀目鸟脚类
食性：植食性

曾和蟋蟀抢名字

弯龙体形庞大，与禽龙长得很像。由于身体笨重，大部分时间它都四肢着地，以长在低处的植物为食。当然，它也能用后肢直立起来，去吃长在高处的植物或躲避天敌。1879年，古生物学家曾把弯龙命名为"Camptonotus"，意为"可弯曲的背"，但是这个名字已经命名给一种蟋蟀了。直到1885年，这种恐龙才有了现在这个名字——"弯龙"。

弯龙素描

弯龙的平均身长为6米，平均体重为785～874千克。最大的成年弯龙长达7.9米，体重约1吨。它的体形比同时代的橡树龙、德林克龙等都大。弯龙有一个鹦鹉般的喙嘴，它的牙齿排列紧密，但磨损得很厉害。这就表明它虽然吃植物，但主要以那些坚硬的植物为食，如苏铁。

最独特的地方

弯龙的叶状牙齿长在嘴的后端，嘴的顶端有一个长长的硬颌，这就令它在进食的同时可以顺畅地呼吸。要知道早期的植食性恐龙在吃东西的时候是不能呼吸的，而弯龙的这一构造就比以前的恐龙有了进一步的发展。灵动的颌部关节，使弯龙的颊部可以前后移动，上、下颊齿便可以对食物进行研磨。

另一个与众不同的特征是它的眼窝中有块横突的眼睑骨。至于有什么功能，科学家认为这可能是最早的眼睑吧！它是否能阻挡沙子呢？这还有待小朋友们去发现。

据科学家推测，弯龙行走的速度约为每小时25千米。正因为它走得慢腾腾的，所以它经常成为肉食性恐龙的猎物。好可怜的弯龙啊！

弯龙行走时的速度快吗？

如何支撑沉重的身躯

　　弯龙的身体非常沉重，其中最重的是骨头。这就需要一根极度强健的脊柱来支撑。与其他鸟脚类恐龙一样，弯龙的脊椎骨神经棘侧边的筋腱呈交错形态，这样可以协助强化脊柱并使背部硬挺。同时，弯龙的每一节脊椎间都有特殊的桩窝关节，可以进一步强化脊柱。

　　弯龙的前肢有5根又粗又短的指头，前三根有指爪。它的三根指之间没有肉垫相连。数根腕骨相互固定，可强化前肢的结构，这也是为了支撑身体的重量而演化而来的。

步履缓慢的"装甲车"
——蜥结龙

生活时代: 白垩纪早期
化石分布: 北美洲
家族: 鸟臀目甲龙类
食性: 植食性

有护盾的蜥蜴

　　蜥结龙又叫盾甲龙, 意思就是"有护盾的蜥蜴"。原来, 蜥结龙的全身都披着骨板, 而且这些骨板长得各具特色: 颈部两侧的比较突出, 像一根根尖钉; 背上的呈结瘤状排列, 有点像现代犰狳的坚甲。这些骨板就像给蜥结龙穿了一件护甲, 能够有效地抵御肉食性恐龙的攻击。

遇敌时的妙计

　　据科学家推测，蜥结龙行动起来非常缓慢，这使它很容易成为肉食性恐龙的猎物。不过，它身上的这件护甲，为它提供了有效的保护。遇到外敌攻击时，蜥结龙会立即蜷起身体，使骨甲朝外，就像棱背龙那样形成一个刺球，从而让袭击者无法下口，只能悻悻离去。

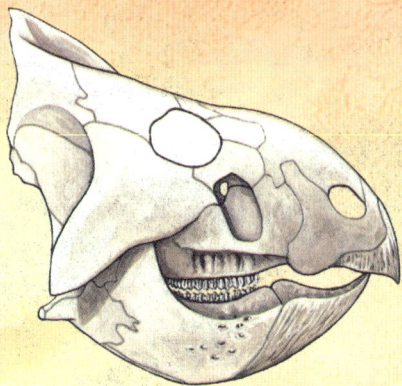

性情温和的慢家伙

科学家研究发现，蜥结龙是一种性情温和、行动缓慢的恐龙。蜥结龙的四肢十分强壮，就像四根坚实的柱子一样支撑着它笨重的身体。此外，它还有一条占其身长约一半的长尾巴，帮助它支撑过于庞大的体重。

蜥结龙只喜欢吃低矮处的植物，因此与其他恐龙没有利益之争。吃东西时，它会把头低下，用喙状嘴把植物切断，然后才慢慢地品尝美味。

超过50节的尾椎

　　从一具蜥结龙的化石中，科学家发现了40节尾椎，但这还不是尾椎的全部，因为有一些已经遗失了。据科学家推测，蜥结龙尾椎实际的数目应该超过50节，这在动物界也是绝无仅有的。它的尾巴拥有骨化肌腱，能将尾巴竖直地翘起来。同时，蜥结龙的四肢、肩膀、骨盆也都非常结实，足以支撑其巨大的体重。

哪里可以看到蜥结龙的化石呢？

目前保存最好的一具蜥结龙化石，安放在纽约市的美国自然历史博物馆中。

扬起"风帆"的棘龙

生活时代：约1亿9300万~9500万年前的白垩纪

化石分布：非洲

家族：兽脚目

食性：肉食性

有棘的蜥蜴

棘龙又叫棘背龙，意思是"有棘的蜥蜴"。它的外形看上去丑陋而怪诞：长着一个大大的脑袋，有着一口锋利的牙齿。它的前肢比后肢要短小一些。大部分时间，棘龙用后肢走路，当然它也能用四肢行走。

能与霸王龙一决高下的棘龙

　　体形几乎与霸王龙一样巨大的棘龙，是非洲特有的恐龙。虽然，它不如霸王龙那么有名气，但是从它的体格和满口利牙来看，棘龙肯定是一种和霸王龙一样可怕的肉食性恐龙。最近，科学家研究发现，棘龙的身长达到17米，接近不少大型植食性恐龙，把其他肉食性恐龙远远甩在身后，是当时真正最大的陆地肉食性恐龙。能与它一决高下的，大概也只有霸王龙了。

背上有一张"帆"

棘龙的背部有很多突起的骨头，表皮覆盖在这些骨头上，看起来就像小船上扬着的帆。这张"帆"由一连串长长的骨骼支撑，每一根骨骼都是从脊骨上直挺挺长出来的，使得这张"帆"既不能收拢，也不能折叠。这帆状背板最大的功能是用来调节体温。除此以外，科学家还认为这"帆"是用来炫耀的。谁的帆最大最美，谁就拥有统治权。不过，更多的人认为这张"帆"是为了更好地吸收热能。早上，棘龙用帆状骨板吸收太阳的热能，使身体里的血液升温，从而增加身体的灵活度。然后，棘龙就会趁着其他恐龙还没完成热身运动而去攻击它们，成为那片土地上真正的王者。

著名的棘龙化石

棘龙化石发现于埃及和摩洛哥。1912年，德国古生物学家恩斯特·斯特莫在埃及的拜哈里耶绿洲发现了第一具棘龙化石。经过三年的研究，斯特莫于1915年为棘龙命名。近年来，意大利国家自然历史博物馆的研究员克里斯蒂阿诺经过研究分析后认为，棘龙的体形将超越之前人们所知道的任何一种肉食性恐龙。他的这一结论也获得了其他科学家的认可。

具有前瞻性的"侏罗纪公园"

2001年上映的电影《侏罗纪公园Ⅲ》里，棘龙被描述成比霸王龙更大、更强壮的动物，甚至在一场打斗中击败了霸王龙。但在现实中，棘龙与霸王龙生存在不同的大陆，出现时间也相差了数百万年，因此它们之间绝不可能发生决斗。

关于棘龙是陆地上最大的肉食动物的结论，是在2006年的《新科学家》杂志上发表的，并获得了专家的认可。而一部5年前的电影就将棘龙描绘成如此强大的动物，可以说真是有先见之明啊！

除了《侏罗纪公园》，还有探索纪录片《远古巨兽大复活》也很好看！棘龙在其中出现，而且击败了鲨齿龙和帝王鳄鳄，最终成为一方霸主！

还可以在哪些影视作品中一睹棘龙的风采呢？

"斧头"当皇冠的赖氏龙

生活时代：约1亿7500万～7600万
年前的白垩纪

化石分布：加拿大

家族：鸟臀目鸟脚类

食性：植食性

赖氏龙素描

　　赖氏龙又叫作兰伯龙，它既能用后肢行走，也可以用四肢行走。

　　赖氏龙最出名的是头上顶着一个斧头状的冠饰。科学家认为这种冠饰具有许多功能，如储存空气、增进嗅觉等。

　　赖氏龙的长尾巴里有骨化的肌腱支撑着，以防止尾巴下垂。

　　赖氏龙只有四个指，其中的三个指尖长有蹄爪，能够联合在一起。这表明赖氏龙能够用前肢支撑起整个身体。而余下的那一指很灵活，能够与其他三指配合抓住物体。

"我不是冠龙"

与冠龙类似，赖氏龙也有一个冠。不过，它们的冠饰并不相同。

赖氏龙的冠饰往前倾，且它不像冠龙那样有高高隆起的鼻子。冠龙的隆起的鼻部属于冠饰的一部分。这就是区别这两种龙的唯一方法。除此以外，它俩几乎没什么区别。

赖氏龙的冠饰也不尽相同，会随着年龄的不同而有所差异。斧状冠饰的刀锋部分，分为上、下两个部分，上缘部分很薄，会随着年龄而缓慢变厚。也有科学家认为，冠饰是成年雌性赖氏龙的专属。

复杂的命名过程

1902年，加拿大地质学家劳伦斯·赖博在阿尔伯塔省发现了一种新的四肢动物化石。最初，他将这种动物归为糙齿龙的一种。而比赖博更早的古生物学家在同一岩层里发现了保存完好的鸭嘴龙类颅骨化石。于是，赖博将这两个颅骨都归属于缘边糙齿龙。直到1923年，科学家威廉·帕克斯通过对这两个颅骨化石的研究，发现这并不能归属于缘边糙齿龙，而是新的物种。为了纪念第一个发现它的赖博，帕克斯将其命名为"赖氏龙"，有时也翻译成"兰伯龙"。

赖氏龙除了有一个斧头状的冠以外，还有什么特点？

赖氏龙的美餐

与其他鸭嘴龙科的恐龙一样，赖氏龙是大型植食性恐龙。它那复杂的头部可以做出研磨食物的动作，就像哺乳类动物的咀嚼动作一样。赖氏龙的嘴里有很多牙齿，这些牙齿总是在不断生长：老的牙齿掉了，就有新的牙齿长出来，它的嘴里至少有上百颗牙齿呢。不过，这中间只有少数牙齿有用。

因为赖氏龙的个头不高，所以它一般以离地4米以内的植物为食。一找到食物，赖氏龙就会用自己的喙状嘴来切割食物，然后将切割后的食物储存在颚旁的颊部空间里，等到腹中饥饿的时候再吃。

赖氏龙很喜欢水。吃饱之后，它就会到水塘边喝水。一群赖氏龙悠闲地在水里泡上一阵子，再慢悠悠地回家，真是惬意极了！

冠饰是赖氏龙最大的特点。除此之外，它的颈部、身体、尾巴上都有厚厚的皮肤与不规则排列的多边鳞片。这些也是非常罕见的，属于赖氏龙的另一大特点。

充满爱心的鹦鹉嘴龙

生活时代：约1亿3000万～1亿1000
万年前的白垩纪
化石分布：中国、蒙古国、泰国、俄罗斯
家族：鸟臀目角龙类
食性：植食性

一张鹦鹉嘴

鹦鹉嘴龙因为长着一张酷似鹦鹉一般带钩的嘴而得名。鹦鹉嘴龙是小型角龙类恐龙，身长约1～2米，用后肢走路。

由于鹦鹉嘴龙不像原来的角龙类恐龙，可以用身上的尖角和颈盾来吓退敌人，所以当它们遭到攻击时，只能快速逃跑或躲起来。

默默无闻的鹦鹉嘴龙

鹦鹉嘴龙默默无闻，远没有它的远亲们——原角龙、三角龙那么有名。不过，鹦鹉嘴龙化石是世界上已知最完整的恐龙化石之一。目前，人们已经发现超过400具骨架，包括许多完整的骨骸。而且，这些都是来自不同地层的化石，既有幼体、也有成年体。这为研究鹦鹉嘴龙的成长过程提供了宝贵的证据。大量的鹦鹉嘴龙化石纪录，使它成为中亚早期白垩纪沉积层中的标准化石。

产地：中国北方地区

　　从化石分布来看，鹦鹉嘴龙主要生活在中国北方地区，在蒙古国和俄罗斯也有些发现。鹦鹉嘴龙大部分时间生活在陆地上，尤其喜欢待在低洼的湖泊、沼泽地、河岸边，喜欢吃岸边柔嫩多汁的植物。这也是它长着一张鹦鹉嘴的原因——用坚固的角喙把娇嫩的植物切断。后来，由于生活环境发生变化，鹦鹉嘴龙无法适应当时的环境，就灭绝了。它们在地球上生存的时间很短。

肚子里有石头

　　鹦鹉嘴龙拥有锐利的牙齿，可用来切断坚硬的植物。然而，与后来的角龙不同，鹦鹉嘴龙的口腔内并没有适合咀嚼或磨碎植物的牙齿。鹦鹉嘴龙只能靠吞食"胃石"来帮助磨碎消化系统中的食物。在已经发现的鹦鹉嘴龙化石中，科学家经常在它的腹部位置发现"胃石"。这些"胃石"可能储藏在砂囊中，就像现代的鸟类那样。

最小的鹦鹉嘴龙，体长只有11～13厘米，比铅笔盒里的直尺还要短呢。最小的鹦鹉嘴龙化石保存在美国的自然历史博物馆里。

最小的鹦鹉嘴龙有多小呢？人们在哪里可以看到呢？

令人惊讶的"窝窝"

在中国的辽宁省义县，人们曾经发现过一个鹦鹉嘴龙群。在这个群体标本中，除了一只成年鹦鹉嘴龙，还有34只鹦鹉嘴龙宝宝。这些未成年的鹦鹉嘴龙宝宝全部围绕在大鹦鹉嘴龙的周围。所有34只鹦鹉嘴龙宝宝的头颅骨都朝上，这可能就是它们生前的状况。据科学家推测，这群鹦鹉嘴龙被埋时都还活着。这一集体死亡过程应该非常迅速，而最主要的原因可能是它们生活的洞穴坍塌了。

鹦鹉嘴龙宝宝的骨头非常小，而且非常柔软，它们的牙齿已经被磨损了。与慈母龙宝宝一样，鹦鹉嘴龙宝宝也待在窝里，靠父母出外捕食后回来喂养。

特别让科学家感到惊异的是，鹦鹉嘴龙真的特别有爱心。因为洞穴里的蛋并不一定都是它们自己的，但成年鹦鹉嘴龙还是悉心地照料，就像对待自己亲生的孩子一样。

像鸟不是鸟的尾羽龙

生活时代：约1亿2700万年前的
白垩纪

化石分布：中国

家族：蜥臀目兽脚类

食性：杂食性

奔跑健将

尾羽龙主要生活在中国辽宁地区，它兼有爬行类、鸟类的特征。它有着又短又方的头颅骨，嘴巴有点像喙，嘴里只有少数既长又锐利的牙齿。

尾羽龙的后肢长而有力，身躯结实，是不折不扣的快速奔跑"健将"。

尾羽龙会飞吗

尾羽龙的尾巴顶端长着一束呈扇形排列的尾羽，前肢上也长着一排羽毛，上面有羽枝与羽片，和现代鸟类的羽毛非常相似。这些原始的羽毛沿着尾羽龙前肢的第二个指头向后排列，由于羽毛短小又对称，且它的前肢也很短，所以尾羽龙是不会飞行的。

羽毛的作用

尾羽龙羽毛的功能并不是飞行，而是保暖或吸引配偶。发现这种恐龙后，科学家们猛然醒悟——羽毛可不是鸟类独有的！羽毛的出现，在鸟类诞生之前。所以，如果发现长羽毛的动物化石，必须仔细观察它的骨骼形态，才能确定它属于鸟类还是恐龙。因为，长羽毛的动物未必是鸟类，它有可能是一只长着羽毛而生活于地面的恐龙。

重要的发现

尾羽龙化石的出土,是一个非常重要的发现。它和原始祖鸟个体大小相仿,甚至连化石保存的姿态都非常相似,但是它们却代表两类截然不同的动物。

尾羽龙长着又短又高的头,满嘴除了吻部最前端有几颗形态奇特的向前方伸展的牙齿外,几乎看不见其他牙齿。在尾羽龙的胃部,人们发现许多小石子,功能类似于现代鸟类的胃石,这在兽脚类恐龙中非常罕见。

一般认为,非对称的羽毛具有飞行功能,因此尾羽龙对称的羽毛可能代表羽毛演化的原始阶段。

与窃蛋龙是近亲

尾羽龙的骨骼形态要比始祖鸟原始。它的头后骨骼形态表明它是一种奔跑型动物,还不会飞行。据最新

尾羽龙和始祖鸟有亲属关系吗?

研究表明，尾羽龙和兽脚类恐龙中的窃蛋龙类非常近似，可能是一种原始的窃蛋龙类。

　　窃蛋龙类常见于亚洲和北美，是历史上非常有名的一类恐龙。古生物学家们最初误以为这类恐龙以偷食其他恐龙蛋为生，因而它们得名窃蛋龙。但后来的发现表明，这类恐龙实际上是趴在蛋上孵化自己产的卵，并非偷窃其他恐龙的蛋。这说明窃蛋龙具有像鸟类一样的孵卵行为，从动物行为学上证实了小型兽脚类恐龙和鸟类的亲缘关系很近。

尾羽龙和始祖鸟虽然个头差不多，甚至有些化石的姿态都非常相似，但它们是两种不同的动物。尾羽龙根本不是鸟类。

拥有"镰刀爪"的恐爪龙

生活时代：约1亿1500万~1亿800万
年前的白垩纪

化石分布：美国

家族：蜥臀目兽脚类

食性：肉食性

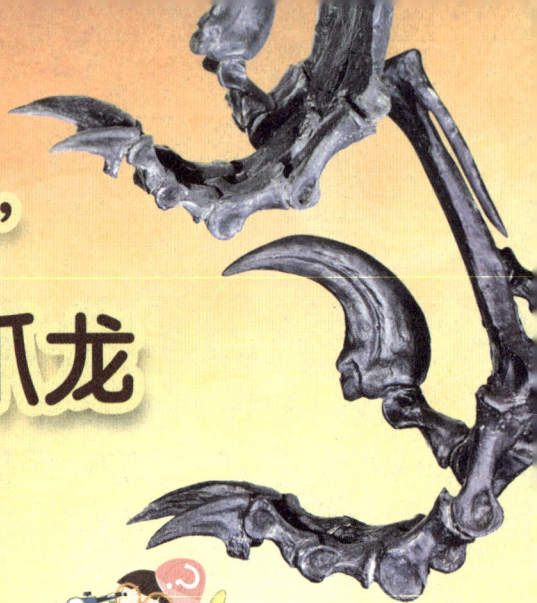

可怕的小个子

恐爪龙体长约3.4米，高达1米，重约25千克。与其他巨型恐龙相比，恐爪龙是名副其实的小个子。但事实上，这种小个子恐龙是一种非常可怕的动物。它跑起来快如疾风，攻击时凶猛无比。1931年，科学家在美国发现了一具恐爪龙化石，而在它旁边还有一具腱龙化石。科学家分析两具恐龙化石所处的位置及各自的形态后认为，当时这只恐爪龙正在猎食附近的腱龙，其凶猛程度真是不容小觑。

聪明的猎手

恐爪龙的身体不及一辆小轿车长，不过它拥有一双大大的眼睛，使得它捕猎时视野十分清晰，可以看到很远的猎物。恐爪龙用后肢站立，前肢较短，奔跑时主要依靠后肢的力量，急速转弯时还可以利用长长的尾巴来保持身体的平衡。

恐爪龙改变了人们印象中恐龙那种笨重、臃肿、迟钝的形象。人们从这种恐怖动物的身上惊讶地发现：原来恐龙中也有聪明睿智、行动敏捷的。

威力无比的"镰刀爪"

恐爪龙因其锐利的爪子而得名。那么，它的爪子到底有哪些特别的地方呢？恐爪龙强壮的后肢拥有大大的脚掌与三根脚趾，第一趾最短，第二趾最长。

相对于恐爪龙的体形，这些脚趾都显得相当巨大，尤其是后肢的第二趾上有一根长约12厘米的利爪。这根利爪可以任意调节角度，它可以先向前戳刺，并向下割开猎物。在捕猎的时候，恐爪龙用两个前肢抓住猎物，一条后肢着地，另一条后肢则举起镰刀一样的利爪，调节角度，从最佳角度戳入猎物的身体。也许猎物还不知道怎么回事，就已经一命呜呼了。

恐爪龙对于自己的独门利器"镰刀爪"也是爱护有加，平时走路或者奔跑时，它会把第二个脚趾高高地跷起，只用剩下的那三个脚趾走路。这样不但保护了利爪，也不会伤及自身。

我看恐爪龙的模样，真像一只巨大的鸟啊！

无意中的收获

恐爪龙的第一副化石，是1931年由美国古生物学家巴纳姆·布郎所带领的研究队在美国蒙大拿州南部发现的。当时，布朗主要想发掘并处理一具腱龙的遗骸，没想到却有了这样意外的收获——在离腱龙化石不远的地方，竟然还有一种新的小型肉食性恐龙化石。但因化石陷在石灰岩中难以做清洁处理，他们的发现没有最终完成。

33年后，从1964年8月开始，英国古生物学家约翰·奥斯特伦姆率领的挖掘团队发现了超过1000块恐爪龙的骨头，他将这种恐龙命名为"平衡恐爪龙"。这种恐龙的发现具有十分重要的意义，因为在这之前，人们一直以为恐龙都是一些小脑袋、行动迟缓的爬行动物呢！

是的，恐爪龙的身上已经进化出羽毛。所以，它的发现还有一个重要的意义：证明鸟类是由爬行动物进化来的。

勇敢无畏的豪勇龙

生活时代：1亿1000万年前的
　　　　　白垩纪

化石分布：非洲

家族：鸟臀目鸟脚类

食性：植食性

勇敢的蜥蜴

　　豪勇龙又名无畏龙，意思是"勇敢的蜥蜴"。1966年，法国古生物学家菲利普·塔丘特第一次发现了两具完整的豪勇龙化石，并于1976年正式命名。科学家通过化石发现，这是一种长相奇特的禽龙。它身长约7米，重约4吨，有2辆小轿车那么长。

豪勇龙素描

豪勇龙的口鼻部很长,它的鼻孔也很大,在鼻孔到头部顶端之间还有个不规则的隆起。它的嘴部前方没有牙齿,只有一个喙状嘴,就跟鸭嘴兽差不多。

豪勇龙会用后肢或四肢走路。它的后肢强壮有力,可以在身体直立时支撑全身的体重。当它需要休息时,身体能向前倾斜而用四肢着地。

虽然豪勇龙与禽龙有某些相似之处,比如尖状拇指,但它并不属于禽龙科,而是鸭嘴龙科。

豪勇龙属于禽龙科吗?

匕首般的拇指

豪勇龙的每只脚上都长着一个长长的拇指钉，这可是它抵御食肉恐龙攻击的有力武器呢。

当它在低矮的蕨类植物中觅食时，那些虎视眈眈的食肉恐龙也许早已埋伏在一边，等着拿它当盘中餐呢。这时，行动稍显迟缓的豪勇龙便会亮出它的看家本领，用它的拇指钉使劲刺向袭击者。拇指钉的作用就像匕首一样，食肉恐龙只要稍不留意，就会被刺得满身鲜血，落得个"偷鸡不成蚀把米"的下场。

太阳能聚热板

科学家推测，豪勇龙在地球上生活的时期，夜间十分寒冷，白天干燥炎热。它的背上长着"帆"，这些"帆"由厚而长的脊椎神经嵴来支撑，长度达50厘米，横跨整个背部与尾巴。这些"帆"可以帮助它维持身体各方面的代谢。经过寒冷的夜晚，豪勇龙会在早晨美美地晒一会儿太阳，"帆"在阳光的照射下就像一块太阳能聚热板，使身体重新暖和起来。中午时分，"帆"又能起到散热的作用。

是"帆"还是隆肉

但有一些科学家并不同意关于"帆"的说法。他们认为豪勇龙背上的是隆肉，类似美洲野牛那样的隆肉。他们认为，豪勇龙的隆肉可能用来储藏脂肪或水，在天气干旱、缺少食物的时候用来维持生命，就像骆驼的驼峰一样。

另外，隆肉也可能有吓退敌人的作用，因为在同时期的恐龙中，豪勇龙并不庞大，所以隆肉使它看起来比实际体形要大一些，这样就能威吓竞争对手或掠食者。

那么，到底是"帆"还是隆肉呢？目前科学界还没有定论。

超级猎手
——食肉牛龙

生活时代：约1亿万～9000万年
前的白垩纪

化石分布：阿根廷

家族：蜥臀目兽脚类

食性：肉食性

"吃肉的牛"

食肉牛龙，顾名思义，就是"吃肉的牛"。实际上，食肉牛龙长得跟牛并不像，只是因为它的眼睛上方有一对类似牛角的短角，所以人们才给它取了这样一个名字。

白垩纪末期，食肉牛龙在南方大陆已占据统治地位。食肉牛龙长约9米，高3米，和大象差不多高。它可是大型肉食性恐龙的一种呢。食肉牛龙和霸王龙、异龙有许多相似之处。比如，它们拥有巨大而有力的脑袋，还有像刀子一样锋利的牙齿。

强大而脆弱

食肉牛龙的嘴巴里长满了像小锯齿一样的牙齿，非常适合撕咬猎物，也能很利索地咬断猎物的骨头。

同时，牙齿也是食肉牛龙身上最大的弱项。它们的牙齿虽然锋利，却又细又长，很容易折断。因此，要是猎物在它口中使劲挣扎的话，食肉牛龙往往会为了保护自己的牙齿而放弃已经到口的美食。

短角的功能

科学家们认为食肉牛龙的角太短而无法用于捕猎，可能只是作为求偶的展示物，或是内部打斗时才偶尔使用的。

与霸王龙相比，食肉牛龙的前肢极为短小，有四指，第四指仅由掌骨构成，被认为是用来固定猎物的。大多数兽脚类恐龙的前肢掌心是朝向身体的，而食肉牛龙的前肢掌心则是略朝后上方的，科学家尚不清楚其功用。

超级猎手

　　食肉牛龙的两个角不位于鼻部,而是位于额头上。这样一来,食肉牛龙的头部可承受巨大的力量,例如高速追捕猎物时所受到的冲击。也有科学家认为,食肉牛龙的角可能很适合于碰撞,这些碰撞发生于群体内部,比如为了争夺地盘、领导权或者配偶。有研究指出食肉牛龙的行动速度很快,可达每秒14米,也就是每小时约50千米。食肉牛龙的头骨坚固,颈部肌肉强壮,这些特点使食肉牛龙适合追捕体形巨大的猎物。可以说,食肉牛龙是恐龙中的超级猎手。

食肉牛龙擅长奔跑,对它捕猎有帮助吗?

食材多样，吃得丰富

发现食肉牛龙化石的南美洲，过去是个海岸平原。在这一地层中，人们不但发现了软体动物的化石，还发现了许多脊椎动物的化石，比如鳄鱼、蛇以及不少哺乳动物。同时，还有多种水生植物在此生根，包含蕨类植物、裸子植物、被子植物等。可以想象，当时食肉牛龙的食物还是很丰富的。

当然有啦！食肉牛龙本身非常耐撞，它们可以在高速奔跑时把猎物撞翻撞晕，自己不但不受伤，还不会跌倒，厉害吧！

短跑健将——拟鸟龙

生活时代：约9000万年前的白垩纪
化石分布：加拿大、中国
家族：蜥臀目兽脚类
食性：杂食性

爱吃素的食肉恐龙

拟鸟龙虽然是杂食性恐龙，但它是个地地道道的素食主义者。平时，它最爱吃的就是一些浮游生物和水果。这些东西不仅水分含量足，营养也很丰富。不过，为了保证营养均衡，拟鸟龙有时也抓一些小动物来吃。

拟鸟龙虽然身材苗条，但是捕猎时也毫不含糊。它长着非常有力的三趾脚，这样的脚趾抓地力很强，令它可以放心地高速奔跑。因为它身材娇小、分量很轻，所以跑起来的速度绝对一流，很多猎物根本无法从它面前逃脱。

鸟类模仿者

拟鸟龙与鸟类最相像的地方在于头部。它有一双精神的大眼睛，能清楚地观察周围的动静；它有像鸟一样的喙，没有牙齿，所以吃东西时也像鸟一样啄取食物。不过，到目前为止，科学家仍无法判断拟鸟龙是否像某些恐龙一样身上长有羽毛。

内蒙古的"恐龙墓地"

2009年3月17日，中、美两国古生物学家宣布了一个最新的研究成果：9000万年前，在我国内蒙古西部的戈壁滩上，一群年轻的拟鸟龙身陷于湖泊旁的沼泽地中，使这里成为一座"恐龙墓地"。

这次发现具有很重要的意义，揭示了拟鸟龙的生活习性。首先，这群恐龙全部是拟鸟龙，没有其他恐龙。其次，这些拟鸟龙都很年轻，它们的集体死亡暗示了这些幼小的恐龙是和成年恐龙一起生活的。在没有成年恐龙照顾时，面对突发的意外，它们没有自我保护和应变的能力，而当时成年恐龙很可能外出猎食去了。

第一块骨骼的发现

1978年，在我国内蒙古戈壁一处荒凉风化的小山丘底部，地理学家发现了第一块拟鸟龙的骨骼化石。1998年，中日考古小组挖掘到一具恐龙骨架，并将这种恐龙命名为"拟鸟龙"。而后，这支国际探险小组在这个区域继续进行挖掘，最终他们在这个区域里挖掘出25具拟鸟龙的骨骼化石。通过辨别骨骼上的年轮，证实它们的年龄在1岁至7岁之间。

拟鸟龙化石

保罗·塞里诺是美国芝加哥大学的一位古生物学教授。他的实验室里有一具保存完好的拟鸟龙骨骼化石，完整地保存了拟鸟龙胃中的最后晚餐和胃内碎石。目前，这具在中国发现的骨骼化石已运送回中国，它对我们进一步研究拟鸟龙的生活具有重要意义。

远古的灾难

25具拟鸟龙骨骼的发现，证实了一次远古时期的灾难。虽然多数骨骼位于同一平面，但是它们的后腿都深深地陷入泥潭之中。科学家认为，这些拟鸟龙在泥潭中逐渐死亡。它们拼命地挣扎，只会吸引附近的食腐动物或掠食动物快速前来掠食。泥潭周围的骨骼标记显示，它们在死亡前曾试着逃脱，却没有成功。这样的考古发现，让科学家既感到兴奋，又感到难过。不过，这也正是考古的魅力所在。

拟鸟龙是恐龙界跑得最快的吗？

拟鸟龙虽然跑得很快，是短跑健将，但还算不上冠军。有一种叫似鸵龙的恐龙可能是跑得最快的。据推测，它每小时能跑70千米，相当于马路上奔驰的汽车。

被冤枉的窃蛋龙

生活时代：约8800万~7000万年
前的白垩纪
化石分布：中国
家族：蜥臀目兽脚类
食性：杂食性

窃蛋龙素描

窃蛋龙生活在白垩纪晚期。它的身长约为2米，大小和一只鸵鸟差不多。

窃蛋龙长有尖尖的爪子，长长的尾巴。它的前肢很强壮，运动能力很强，可以像袋鼠一样，用坚韧的尾巴来保持身体的平衡，奔跑起来又稳又快。

窃蛋龙的前肢有3根长长的"手指"，"手指"上面有尖锐弯曲的爪子，第一根"手指"就像人类的大拇指，可以指向其他两根"手指"，呈弧状弯曲，能把猎物牢牢抓住。

聪明的窃蛋龙妈妈

　　窃蛋龙喜欢集群生活。成年窃蛋龙会把蛋产在事先用泥土筑成的圆锥形的巢穴中。巢穴的中心深约1米，直径为2米，每个巢穴相距7～9米。窃蛋龙因为个子比较小，不容易孵化一整窝蛋，所以聪明的窃蛋龙妈妈就想了个办法：把植物的叶覆盖在巢穴上，让植物在腐烂过程中产生孵化所需的热量，使蛋自然孵化。

被误会的"小偷"

　　"在距今8000万年前，一只2米长的恐龙，正在偷偷地靠近一个恐龙蛋时，灾难降临了……"这是1923年俄罗斯古生物学家德鲁斯在内蒙古大戈壁上有了新的发现后所描述的一幕。当时，这具恐龙的骨架正位于一窝原角龙的恐龙蛋化石上。当时的科学家认为它正在偷别的恐龙的蛋，于是给它起了一个很不好听的名字——窃蛋龙。

　　后来，科学家又根据这具恐龙骨架化石的特征，比如和鸟喙相似的嘴，没有牙齿等，推测它是这样偷吃恐龙蛋的：先把蛋含在嘴里偷走，再用力把蛋敲破，然后吃到肚里。可怜的窃蛋龙就这样开始背上了"黑锅"。

洗脱罪状，洗不脱罪名

1990年，中外科学家在我国内蒙古戈壁地区进行联合考察。他们发现了一具完整的窃蛋龙骨架，当时它正卧在一窝恐龙蛋上面，像是在孵蛋。看样子它是在孵蛋的时候被突如其来的沙尘暴给掩埋的。科学家们还根据窃蛋龙的喙部结构推测它可能是杂食性恐龙，因为它的喙部有很坚硬的角质壳，可以很容易地敲开软体动物的壳。至此，科学家们普遍认为窃蛋龙并不会偷窃其他恐龙的蛋，而是自己孵蛋。

这个观点获得了越来越多的科学家的认可。但是，根据国际动物命名的法规，窃蛋龙的名字是不能随意更改的。所以，虽然窃蛋龙并没有偷蛋，但这个"黑锅"还是要一直背下去的。

窃蛋龙没有牙齿，那它吃些什么呢？

长得像火鸡

窃蛋龙是最像鸟类的恐龙之一。它的体形较小，很像火鸡。尤其是它们的胸腔拥有典型的鸟类特征，比如每根肋骨上都有一个突起物，使胸腔更坚固。原始的窃蛋龙类化石中曾发现羽毛压痕，显示它们的身体上覆盖着大范围的羽毛。窃蛋龙在外形上最明显的特征是头部短，而且头上还有一个高耸的骨质头冠，非常显眼。它的口中没有牙齿，但是喙部有两个锐利的骨质尖角。这对尖角就像叉子一样，有类似于牙齿的功能，其作用和现在鹦鹉的喙差不多。

窃蛋龙没有牙齿，不过它的上颌骨向下长出了一对尖锐的"叉子"，这对"叉子"不但有类似牙齿的功能，还可以像利剑一样刺破蛋壳及其他坚硬的东西。

长得像犀牛的尖角龙

生活时代：8000万年前的白垩纪
化石分布：加拿大
家族：鸟臀目角龙类
食性：植食性

长着大尖角

在恐龙辉煌的最后时期——白垩纪晚期，尖角龙们才登上历史舞台。那时候，加拿大的阿尔伯塔省是尖角龙生活的乐园，它们最喜欢三五成群地在河岸边与森林里寻找食物。

尖角龙是一种中型恐龙，身长约6米。它的鼻骨上方长着一个尖尖的角，看上去和犀牛很像。它的颈部有一个大大的颈盾，内部的关节紧锁在一起，可以承受很大的冲击力。它粗壮的四肢支撑着笨重的身体，短而宽的脚趾像扇子一样展开，有助于稳定身体。

为了食物而迁徙

尖角龙生活的地方水草丰美，但每年夏天，它们还是会到气候温和、植物生长较快的北方去。这可是一次艰苦而危险的长途旅行，尖角龙们每天要行走100多千米呢。而且，在行走过程中，一旦发现状况，惊慌失措的尖角龙常常会因为过于混乱而踩死自己的同伴。

颈盾的作用

尖角龙最大的特征是头的顶端有两个向前的小角，在它的脖子上方有一个骨质颈盾，边缘有一些小的波状隆起。科学家认为，这个颈盾是地位的象征。估计有些尖角龙的颈盾色彩亮丽，使它们看起来与众不同，这有助于它们吸引异性。

尖角龙的头、颈盾同身体相比，显得十分巨大，这就使它必须具有很强壮的颈部和肩部。即使晃动一下脑袋，它的骨骼也会承受不小的压力。因此，尖角龙的颈椎紧锁在一起，有极强的耐受力。

最特殊的面部特征

角龙类的大型鼻角与头盾，是恐龙中最特殊的面部特征之一。自从它们的化石被发现后，角与头盾的功能一直都是科学界争论的焦点。角与头盾到底有什么用处呢？是抵抗掠食动物的武器，是和其他尖角龙打斗的工具，还是仅仅只是一种辨识物呢？

2009年的一份研究报告中，科学家比较了三角龙与尖角龙的颅骨损伤状况，提出这些损伤应该是物种内打斗行为留下的，而不是抵抗掠食动物而造成的。尖角龙的头盾太薄，根本无法有效地抵抗掠食动物。同时，尖角龙的颅骨较少损伤，这表明头盾与角担负着视觉辨识的功能。

尖角龙看上去笨笨的，它们行走的速度应该也很慢吧？

哈哈！你错了。每到夏天，尖角龙就会像候鸟一样，到气候温和、植被茂密的地方去，它们一天要走110千米的路呢！

母爱深沉的慈母龙

生活时代：约8000万~6500万年前
的白垩纪
化石分布：加拿大、美国
家族：鸟臀目鸟脚类
食性：植食性

长得像马

1979年，在美国蒙大拿州，科学家们发现了一些恐龙窝，并在里面找到了小恐龙的骨架，于是他们把这种恐龙命名为"慈母龙"。慈母龙的头部长得像马，眼睛上方有一个实心的箭质头冠，这可是雄慈母龙之间争斗的武器，以此来决定它们在群体中的统治地位。

慈母龙喜欢成群结队地寻找食物。而其中总有一头身体强壮的慈母龙担任警戒的任务，以防止敌人突然袭击。

温馨的大窝窝

　　慈母龙把恐龙蛋生在自己精心打造的窝里，并且十分细心地照看自己的孩子。下蛋之前，慈母龙会用柔软的植物垫在窝底，然后在"装修"好的窝里产蛋，一次大约有18～40枚。这些蛋的蛋壳硬硬的。科学家们认为，慈母龙会守在窝旁保护蛋宝宝，以免被其他恐龙偷走。成为母亲的慈母龙会像鸡妈妈一样，卧在蛋上保持蛋的温度。当慈母龙妈妈饿了，需要外出寻找食物时，它还会拜托其他成年慈母龙帮忙看护自己的恐龙蛋。

第一个发现慈母龙的胚胎化石的并不是考古学家和动物学家，而且北美洲一个开咖啡店的老太太！

谁第一个发现了慈母龙的胚胎化石？

要做15年的好宝宝

在慈母龙父母的悉心照料下，小恐龙相继出世了。随后，小宝宝们仍然会得到父母的精心照顾。慈母龙父母会先将坚硬的植物嚼碎，然后喂给小恐龙吃。第一年，小慈母龙会寸步不离自己的"家"，直到过了1岁生日，它们才会跟随父母外出活动。据科学家们推测，小恐龙会一直与父母同住，直到它们长到能离开家自己出去寻找食物为止。那个时候，小慈母龙大约快到15岁了呢！

科学家的惊喜发现

慈母龙化石的发现，给科学界带来了许多震惊和感动。因为爬行动物在产卵后，大多一走了之，并不会像哺乳类或鸟类一样照顾刚出生的宝宝。然而，1978年科学家发现了一些幼小的恐龙化石。它们的牙齿有明显的磨损痕迹，这表明它们已经开始进食。同时，他们又发现这些幼龙的四肢没有发育完全，显然还未开始真正意义上的爬行与捕食行动。是谁带回了食物喂养它们？科学家猜想应该是小恐龙的父母。另外，还有一个

重要的佐证。科学家通过分析慈母龙足迹的化石发现，它们常常列队外出，大恐龙在两侧，小恐龙在中间，如同现在我们看到的象群。于是，这种恐龙得到了一个好听又充满人情味的名字——慈母龙。同时，这也证明了属于爬行动物的恐龙族群中，也有抚养幼仔的恐龙。

慈母龙每次能生许多蛋。破壳而出后的这些小恐龙每天要吃掉几百斤鲜嫩的植物，慈母龙需要不辞劳苦地到处寻找食物。想象一下，慈母龙妈妈和慈母龙爸爸该有多辛苦啊！它们无愧于"慈母龙"这个称号！

会游泳的盔龙

生活时代：约8000万～6500万年前
　　　　　的白垩纪
化石分布：美国、加拿大
家族：鸟臀目鸟脚类
食性：植食性

长着鸭子脸的恐龙

　　盔龙又被称为冠龙、鸡冠龙。如果光看它的脸，大家觉得它长得还真有点像鸭子呢。其实，它是一种大型恐龙，体长约10米，就像一辆公共汽车那么长。它能用后肢站立，站起来时足有3层楼那么高。盔龙的头上有一个中空的冠，雄性盔龙的冠比雌性盔龙的略大一些，这也是它得名的原因。

　　盔龙的前肢比后肢短，能够用后肢行走。当它进食时，它又用较短的前肢支撑身体。它的尾巴又粗又长，但这丝毫不影响它奔跑的速度。盔龙也算得上是恐龙界的奔跑能手呢。

奇特的防御术

盔龙的性格温和，身上也没有防御性的盾甲、棘刺和利爪。它们只能依靠敏锐发达的视觉和听觉，来躲避食肉恐龙的攻击。所以，盔龙是一种非常聪明的恐龙。

盔龙非常喜欢展示自己，炫耀自己与众不同的头饰和独特的鸣叫声。这些显眼的特征，就像现代某些有毒动物特意展露身上鲜艳的颜色一样，可以唬住袭击者，使敌人在进攻前三思而行。而这一招也确实有效，许多并不聪明的食肉恐龙真的被这种迷惑术吓住，让已到嘴边的美食溜走了。

青蛙般的呱呱叫声

　　科学家们认为，盔龙的脸上有皮囊，当皮囊鼓起时呈球状，还能发出声音，就像青蛙从它们的喉咙里发出的呱呱声一样。科学家们说，这是盔龙之间在传递信号，比如哪里又发现了鲜美的食物，哪里有天敌肉食恐龙出没……同时，这个气囊还有另外一个功能，就是吸引异性，告诉异性，看我多美！盔龙们头饰的不同，使它们的鸣叫声形形色色，各不相同。许多盔龙同时鸣叫起来，就犹如一支正在演奏的铜管乐队，非常壮观、动听。

是不是所有的盔龙都有大大的头冠？

不是。只有成年的雄性盔龙才有大大的头冠，雌性盔龙和年轻的盔龙的头冠都是小小的，而年幼的盔龙几乎没有头冠，只在眼睛上方有个小小的突起而已。

会游泳的恐龙

我们说盔龙很聪明，不仅因为它的眼睛和耳朵很灵敏，能够早早地发现即将来临的危机，而且因为它还有很强的生存技能，比如游泳。

虽然盔龙跑得不算慢，但一旦遇上天敌，笨重的身体还是常常使它处于危险之中。幸好它会游泳，遇到危险还可以跳入湖中慢慢游向对岸或远处，不会游泳的肉食性恐龙只能无奈地站在岸边，看着盔龙从眼皮子底下逃脱。

沉于大西洋底的化石

盔龙的第一个标本，是1912年在加拿大的红鹿河附近发现的。特别值得一提的是，除了发现几乎完整的骨骼外，盔龙的化石皮肤也被保存了下来。四年后，这具标本连同其他恐龙公园的化石被一同运往英国。那时是1916年，正值第一次世界大战期间，装有化石的船只被德国的巡洋舰击沉，这些珍贵的化石就此沉入北大西洋的海底，真是非常可惜啊！

英勇的武者——戟龙

生活时代：约7650万～7500万年前
的白垩纪
化石分布：加拿大、美国
家族：鸟臀目角龙类
食性：植食性

外强中干，表里不一

戟龙是一种大型恐龙，身长约为5.5米，高约1.8米，体重约为3吨。戟龙有着短短的四肢，身体十分笨重，尾巴也很短。它们的嘴像鸟的喙，颊齿很平，这表明它们也是植食性恐龙之一。与其他角龙类一样，戟龙也喜欢群居的生活方式。它们喜欢与鸭嘴龙、三角龙、厚鼻龙、尖角龙、腕龙等住在一起，迁徙的时候往往也会成群结队。

武将的画戟

　　戟龙的颈盾边缘长着六根长长的尖角，就像古代武将背后插着的画戟，看起来非常威风，这也是它得名的原因。戟龙性格温顺，一般情况下不与其他恐龙发生冲突。而且，它看似威武的六只角的最主要作用是装饰而不是战斗。戟龙的处世原则却是"人不犯我，我不犯人；人若犯我，我必犯人"。所以，一旦遇到危险，它还是拿出勇气与肉食性恐龙对抗，甚至敢反击"暴君"霸王龙。它身上真正厉害的武器其实是鼻骨上那根长长的尖角，对手万一被顶中，必死无疑。不过在更多的时候，戟龙不用参战，它只需晃晃脑袋，就能吓退大多数进攻者。

戟龙的食物

戟龙是由加拿大古生物学家劳伦斯·赖博于1913年命名的。这个名字在希腊文里的意思是"有尖刺的蜥蜴"。从这个名字不难看出，它也是一种喜欢吃植物和果子的恐龙。

虽然戟龙有时候很凶悍，连霸王龙也不放在眼里，但它是地地道道的素食者。它们最喜欢的食物就是平原上那些低矮植物的叶子。这是因为戟龙个子不高，够不到高处的树叶。它那像鹦鹉嘴一样弯曲的喙则是为了切割这些植物而准备的。

戟龙的胃口很大，一次要吃很多食物。所以，食物是它最为宝贵的财产。如果谁敢来抢夺，戟龙立即会显露出最凶狠的一面，不把抢夺者打跑，誓不罢休。

怎样选首领

每个种群都有自己的首领。那么，你知道戟龙家族的首领是怎么选出来的吗？戟龙有着强壮的肩膀，颈盾上还有巨大的骨刺。戟龙家族选首领时，并不会用角来打架，这样一旦使力不当就会伤及同门兄弟。所以，它们就将颈盾上的骨刺卡在一起，然后相互推挤，谁的力气大，能把对方掀翻，谁就能成为家族中的首领。

恐龙世界中，头上角最多的是角龙吗？

不是，是戟龙。它有4只或6只角。

戴"高帽子"的副栉龙

生活时代：约7600万~7300万年
　　　　　前的白垩纪
化石分布：美国、加拿大
家族：鸟臀目鸟脚类
食性：植食性

奇特的副栉龙

　　副栉龙又名副龙栉龙，是一种植食性恐龙。它既能用后肢行走，也能用四肢行走。通常，它在寻找食物时采用四肢行走，这样可以慢慢搜寻。而当它们在平原上奔跑时则用后肢，这样速度能加快。

　　副栉龙因其头盖骨上修长的冠饰而出名。这个头冠非常奇特，也非常显眼，像棍子一样向头顶后部延伸。如果它使劲一扬头，头冠的末端几乎快碰到背部了，所以它是最喜欢戴"高帽子"的恐龙。副栉龙的牙齿会不断地生长，它的口腔内有数百颗牙齿，但只有少量牙齿有用，因此它常用喙状嘴来切割植物。而它的食物一般为离地4米以内的植物。

特别的冠饰

　　副栉龙的脊椎上有着高大的神经棘，这些神经棘使其背部的高度甚至超过臀部的高度。它的皮肤上还附有瘤状鳞片。不过，副栉龙最著名的特征还是头顶上的冠饰。那么，这种冠饰到底是做什么用的呢？起初，人们以为副栉龙会潜水，而这种长长的头冠就是它在潜水时用来呼吸的。但后来人们发现头冠的顶端是封闭的，根本没有透气的孔。目前，科学家认为，这种头冠是用来辨别性别、发出鸣声以及调节体温的。

温暖的栖息地

1920年，多伦多大学的野外考察队在加拿大阿尔伯塔省红鹿河畔的桑德河附近发现了副栉龙的化石。这个标本的发现地就是目前举世闻名的阿尔伯塔省恐龙公园。这一地层中有许多保存良好且具多样性的史前动物群化石，包含许多著名的恐龙化石，例如我们熟悉的尖角龙、戟龙、冠龙、赖氏龙等。原来，这里草木繁茂，高处有针叶树，低处有蕨类、被子植物，可以满足各种植食性恐龙的需求，因此成为它们绝佳的栖息地。

> 副栉龙是依靠什么来控制体温的呢？

> 副栉龙是靠鼻子来控制体温的：通过调整吸入鼻子的空气量，使自己的体温升高或降低。

群居保安全

　　副栉龙既没有坚硬的盔甲，也没有带"锤子"的尾巴，更没有锋利的爪子。于是，为了抵御凶恶的肉食性恐龙的袭击，通常数千头副栉龙集群生活在一起，形成一支庞大的队伍。一旦发现敌人，副栉龙就会用头冠发出警报，整个群体听到后便会赶快逃跑。如果哪只副栉龙逃不掉的话，基本上就只能沦为肉食性恐龙的盘中餐了。

坦克战将——甲龙

生活时代：约7000万～6500万年前
的白垩纪
化石分布：美国、墨西哥、玻利维亚
家族：鸟臀目甲龙类
食性：植食性

坚固的甲龙

甲龙体长为7～10米，身体最宽处甚至达到5米。就身体比例来说，甲龙绝对可以称得上"最宽的恐龙"。

甲龙最大的特征就是身披一层坚硬的骨甲。所以，很多科学家认为它是装甲恐龙的原型。其他甲龙科的恐龙也具有这样的特征，但甲龙绝对是其中最大型的成员。因此，甲龙在希腊文里的意思就是"坚固的蜥蜴"。

不太聪明的甲龙

甲龙的后肢比前肢长，身体十分笨重，只能用四肢在地面上缓慢行走。这种爬行的姿势，再加上一身厚厚的坚硬骨甲，看上去很像坦克，所以有人又把它称为"坦克龙"。

甲龙身上所有的骨头都紧紧相连，甚至没有多余的空间容纳脑部，所以它可不太聪明哦！

超级防御术

甲龙的嘴巴前部没有牙齿，只在嘴边上才有些小小的牙齿，因此只能以植物的嫩枝叶或多汁的根茎为食。

为了躲避食肉恐龙的攻击，甲龙的自我防御本领很高。它的颈部和身体两侧也覆盖着骨质甲片，甲片上密布着脊突。遇到敌人时，它就会将身体蜷缩起来，藏在坚硬的骨甲中，再凶猛的敌人看见它也无可奈何了。

与生俱来的搏斗

在关于恐龙的动画片中，我们常常看到这样的镜头：一只凶猛的肉食性恐龙猛然扑向一只植食性小恐龙，但是不管食肉龙怎么咬、怎么抓，就是抓不住、咬不破那只小恐龙的身体。原来，小恐龙身上长着一层坚硬的厚甲，简直就像一辆小坦克。最后，肉食性恐龙只好无奈地离开，寻找别的猎物去了。这只"小坦克龙"就是甲龙。

在1亿多年前的白垩纪，甲龙几乎每天都在经历上述那一幕。甲龙是恐龙大家族中较晚出现的类群，直到白垩纪快近尾声了才登上历史舞台。

甲龙生不逢时，同一时期存在的都是一些大型恐龙，比如暴君"霸王龙"。所以甲龙从出生之日起，就必须和它们展开生死较量。幸亏老天赐予甲龙一副"铠甲"——坚硬的钉状骨板与锤状的尾巴，这为甲龙提供了很好的保护。

真想看看布朗找到的化石啊！它们在哪里呢？

奋力一击的"锤子"

除了一身厚厚的"铠甲"外,甲龙长长的尾巴也是它的秘密武器。当遇到劲敌时,甲龙的尾巴末端就会忽然膨大起来,变成一柄锤子直接向敌人甩过去。这一锤的力量可大了,可以一锤敲碎敌人的骨头,就连霸王龙也抵挡不了!

布朗的发现

1906年,由美国古生物学家巴纳姆·布朗带领的研究队,在美国蒙大拿州的地层中发现了大面甲龙的模式化石,这个化石有头颅骨的顶部、脊骨、肋骨、部分肩胛骨及装甲。1910年,布朗又在加拿大阿尔伯塔省发现了大面甲龙的另一具标本。这具标本中包括一个完整的头颅骨及首次可辨识的尾巴、肋骨、肢骨和装甲。

它们都保存在纽约的美国自然历史博物馆里。如果有机会去美国,我们可以去参观一下。

霸气外露的霸王龙

生活时代：约6850万～6550万
年前的白垩纪
化石分布：加拿大、美国、中国
家族：蜥臀目兽脚类
食性：肉食性

顶级掠食者

　　霸王龙又名暴龙，它的名字的意思是"暴君蜥蜴"或"国王"。正如其名，它的性格暴躁凶猛，霸气外露。

　　霸王龙拥有特别大的头骨。为了保持平衡，它还长了个长而重的尾巴。它的后肢大而强壮，但前肢非常短小，和人类的手臂差不多长。霸王龙是一种顶级掠食者，食物主要是鸭嘴龙和角龙等恐龙。它是最大型且最凶猛的恐龙，也是当时陆地上最著名的掠食者。

骨头绞碎机

在恐龙世界中，霸王龙的"暴君行径"名不虚传。它的身长达15米，重约10吨，身高超过两层楼，仅头部就有1.5米长。

霸王龙有一副硕大的腭骨，有着惊人的咬合力。它的大嘴内大约有60颗牙齿，每颗牙齿长30厘米，咬合力在3吨左右，相当于狮子的10倍。不过，它的牙齿并不锋利，被称为"香蕉牙"。一旦碰上猎物，霸王龙就用它的巨腭狠狠地咬住对方，然后甩动颈部将猎物撕碎。霸王龙张开大嘴，轻轻松松就能吞下一头牛，因此它是有史以来最强大的食肉动物，即使最大的普鲁斯鳄也绝不是它的对手。霸王龙因此有了"恐怖的骨头绞碎机"之称。

不肯分享的自私鬼

霸王龙的胃口很大。如果它饿了，不管站在面前的是谁，甚至是自己的子女，它都可以一口吞下。因此，与霸王龙交朋友可是一件很危险的事。那么，如此凶悍且难以相处的霸王龙，是如何寻找配偶的呢？

为了讨得母霸王龙的欢心，雄霸王龙必须带着丰盛的猎物——也就是其他恐龙的尸体去求亲。如果不这样做，母霸王龙很可能因为生气，一口吃掉自己的对象呢。

不过，这种状态并不能维持很久，一旦产下小宝宝，母霸王龙就会强迫公霸王龙赶紧离开。因为，自私的霸王龙不允许任何别的动物来分享自己的食物，哪怕是孩子的爸爸。

最早使用"生化武器"

更令人可怕的是，霸王龙满嘴都是细菌。只要被它咬上一口，被咬者就会因为伤口受到细菌感染而死亡。据推测，霸王龙很有可能是史上第一个使用"生化武器"的物种。

全面发展的霸王龙

霸王龙可不是"四肢发达，头脑简单"的动物。霸王龙的脑袋很大，视觉和嗅觉都很好，属于聪明的恐龙之一。而且，它的奔跑速度很快，一般可达每小时18～40千米；追逐猎物时，它的奔跑速度有时甚至能达到每小时60千米，几乎没有猎物能逃过它的追杀。

那是在1902年，一个名叫巴纳姆·布朗的科学家在美国蒙大拿州发现了第一具霸王龙化石。

人们在什么时候第一次发现霸王龙的化石？

爱撞头的肿头龙

生活时代：约6700万年前的
　　　　　白垩纪
化石分布：美国
家族：鸟臀目肿头龙类
食性：植食性

直到恐龙时代的最后辉煌期——白垩纪晚期，肿头龙才登上历史舞台。它们大多生活在山地、内陆平原和沙漠中。

这种恐龙的样子很特别，颈部短而厚实，前肢短后肢长，身躯不大，身后长着坚硬的骨质尾巴，喜欢用粗壮的后肢走路。同时，它还有着大而圆的眼睛。从这里可以看出，肿头龙具有良好的视力，甚至可能具有立体视觉。

肿头龙的最大特点是头盖骨异常肿厚、坚硬，就像头戴钢盔的防暴队员。

最丑的恐龙

肿头龙可以说是长得最丑的恐龙了。它的头是所有陆地动物中最大的，它的头连同脖子的长度，大约同一辆小汽车那么长。它的脸部与口部都有角质或骨质的棘状物，头部和背部覆盖着突起的钩子，看起来真是无比丑陋。

最厚的头骨

植食性恐龙的头骨大多比较薄，如脖子最长的马门溪龙的头骨厚度只有1厘米。而体长约4米、体重仅2吨的肿头龙，虽然个子不大，但头骨的厚度竟达25厘米，足足是马门溪龙的25倍呢。不过，肿头龙厚厚的头部并不能帮助它们抵抗掠食者的袭击。每当遇到危险时，它们主要靠敏锐的嗅觉和视觉来逃脱敌人的追捕。

肿头龙的食谱

目前，人们还无法确定肿头龙到底吃些什么食物。因为肿头龙的牙齿比较尖，这样的牙齿显然无法嚼碎纤维丰富的韧性植物。所以，肿头龙的食谱中应主要为植物种子、果实，柔软的叶子以及一些昆虫等。

撞头分胜负

肿头龙喜欢过群体生活。它们很有可能像今天的山羊、鹿类动物那样，成年雄性之间要经常撞头，胜利者就可以担任族群的首领，拥有较高的地位。尤其是在繁殖季节，它们便会举行"撞头大赛"，只有胜利者才有资格交配生子。当然，肿头龙可不是爱打架的恐龙。它们在大部分时间都友好地生活在一起，吃着爱吃的食物，绝不会随意玩撞头的血腥游戏。

恐龙知人类一起生活过吗？

曾被误读

早在1850年，科学家便已发现肿头龙的化石。1859年前后，费迪南德·海登在北美洲西部的密西西比河源头附近发现了一块破碎的化石，但人们一直以为这块骨头属于某种犰狳类动物。直到20世纪50年代，唐诺·贝尔德重新研究这块骨头，才发现这是一块鳞状骨，后方具有骨质瘤，并属于肿头龙。

完整的发现

1974年，一具保存极好的肿头龙的头骨在蒙古国境内被发现。它长着一颗球茎形的大脑袋，边上是一圈疙疙瘩瘩的隆起线。此外，它还具有另一个家族特征：尾巴的后部有一簇骨状的腱，可以使尾巴保持坚硬、直立。

没有。恐龙在6000万年前的白垩纪就灭绝了。那时候，人类还没有出现呢！

"地狱恶魔"
——冥河龙

生活时代：白垩纪晚期
化石分布：美国
家族：鸟臀目肿头龙类
食性：植食性

相貌怪异

这是一种相貌怪异的恐龙，高约1米，体形和习性都很像今天的野山羊。它的头部有一个坚硬的圆形顶骨，周围布满了锐利的尖刺，看起来似羊非羊、似鹿非鹿。那么，这种奇怪的头饰到底有什么作用呢？据科学家们分析，这种头饰很可能是雄性之间争斗的武器。圆顶可以抵受猛烈的冲撞，角刺可以用来相互冲撞，充当御敌的武器。这种神秘的恐龙就是冥河龙，其命名源于美国蒙大拿州的地狱溪，属于中生代恐龙。

恐怖的发掘现场

　　1983年发现冥河龙化石的场景，就像取出一具地狱恶魔的遗骸般令人恐惧。在全部的化石记录中，冥河龙那精巧而复杂的头饰，使它成为面目最狰狞的恐龙。遗憾的是，目前人们对这种恐龙还了解甚少，因为迄今只发现了五具冥河龙的头骨以及一些零零碎碎的身躯遗骸。

骨板的作用

虽然人们对冥河龙知之甚少，但这并不妨碍人们推测它的生活习性。冥河龙与其他肿头龙类一起生活在晚白垩纪的北美大陆上。它能用后肢直立行走，前肢细小，并长着一条坚硬的长尾巴。

冥河龙的头颅骨板非常厚实，有些古生物学家认为雄性冥河龙之间是以互相碰撞头部来争夺伴侣的，类似于当今的野牛。还有些科学家则认为，冥河龙头颅上的骨板纯粹是装饰物，繁殖季节雄性冥河龙可以炫耀其漂亮的头饰来吸引异性配偶。

有效预警机制

在冥河龙的栖息地，科学家还发现了霸王龙、阿尔伯托龙等大型掠食性恐龙。这表明冥河龙的生存环境相当恶劣。于是，在群体中，总有许多身强力壮且机警敏捷的冥河龙担任警戒任务。当掠食性恐龙进犯时，它们不仅能保护同类撤离，有时还需要和霸王龙进行殊死搏斗呢。

冥河龙到底长得啥模样？我们在哪里可以看到它呢？

特殊技能

冥河龙是恐龙演化史上一种十分特别的恐龙。冥河龙的体形不算大，身长2.4～7.5米。与冥河龙同时代生存的恐龙还有暴龙、三角龙等庞然大物。要在这样的环境下生存，它必须有一些独特的本事。而冥河龙也的确有一些特殊技能。首先，它有坚硬厚实的头骨，就像戴了一顶头盔。其次，冥河龙的身体构造与当时主流的两脚素食恐龙大致相似。

不过，冥河龙的头上长有圆顶、锐刺和尖角。圆顶是20多厘米厚的头骨，与脊椎骨连接，与其他恐龙相比，它能承受更大的冲击力。虽然，冥河龙的头很大，但大脑十分小，所以它并不聪明。

你可以去看电影《迷失世界》和《侏罗纪公园》，里面那只用头来撞击汽车的奇怪恐龙就是冥河龙。

尊老爱幼的三角龙

生活时代：约6800万～6500万年
前的白垩纪

化石分布：北美洲

家族：鸟臀目角龙类

食性：植食性

著名的三角龙

　　三角龙是最晚出现的恐龙之一，因此它经常被作为晚白垩纪的代表化石。同时，它也是那个时代数量最多，也是最后灭绝的恐龙之一。三角龙是一种中等大小的恐龙，身长大约为7.9～9米，重达6.1～12吨。它们有非常大的头盾，以及三根角状物。这不禁让人联想起现代的犀牛。

如果一只三角龙单独行动时遇到肉食性恐龙，它该怎么办呢？

最大的头颅

三角龙身上最显眼的就要属那个超大的头颅了，那几乎是所有陆地动物中最大的头颅了。它的头盾更大，长度超过2米，几乎占到体长的三分之一。为了保护自己的眼睛和鼻子，三角龙的鼻孔上方还长了一根角状物，它的眼睛上方长了一对1米长的尖角，看起来十分威武。这样一来，别的恐龙就不敢随便进犯了。

离群的三角龙受到攻击时，会以6吨重的身体，每小时35千米的奔跑速度，顶着长矛般的尖角向对方冲去，除非对方极其强大，不然肯定会落荒而逃！

151

"北美野牛"

1887年，科学家在美国科罗拉多州的丹佛市附近发现了一件由头颅骨顶部和附着在上面的一对额角构成的化石标本。当时，这件标本到了古生物学家奥塞内尔·马什手里。他认为这个化石所处的地层年代为上新世，而这个化石属于一种特别大的北美野牛，因此将它命名为"长角北美野牛"。第二年，马什根据一些破碎的化石，发现了有角恐龙的存在，但他仍然认为之前发现的标本是长角北美野牛。直到发现第三个更完整的角龙类头骨化石，才改变了他的初衷。这时，他才承认之前发现的标本是三角龙的化石，并重新命名。

与大卡车相抗衡

三角龙有点像犀牛，头上都长着角。但犀牛角是由毛发构成的，而三角龙的角则是实心的骨头，因此拥有强大的破坏力。据说，三角龙的角可承受100多吨的力量，这相当于一辆超级大卡车的载重量呢。毫无疑问，三角龙已经演化出坦克一般的形态，是白垩纪时期最强大的植食性恐龙之一。

尊老爱幼的团队生活

　　三角龙喜欢成群结队地生活，就像今天我们看到的野牛一样。一旦强敌来了，身强力壮的三角龙会头朝外围成一圈，组成一道铜墙铁壁，将群体中老弱病残的三角龙围在中间，与今天我们看到野牛遇敌时的情景一模一样。这种尊老爱幼的美德不但使整个三角龙群体免受伤害，也有利于种群的发展。三角龙的这种美德很令人敬佩。

脑力大激荡

1. 恐龙在地球上生活的时间长达 （　　）
   A.1.85亿年 　　　　　B.1.65亿年
   C.1.95亿 　　　　　　D.1.75亿年

2. 迄今为止，世界上已命名的恐龙共有（　　）
   A.780种　B.775种　C.760种　D.790种

3. 最早发现恐龙化石的人是 （　　）
   A.英国博物学家达尔文
   B.医生吉迪昂·曼特尔
   C.英国生物学家理查德·欧文
   D.奥地利生物学家孟德尔

4. 蜀龙化石出土于 （　　）
   A.黄土高原 　　　　　B.云贵高原
   C.四川盆地 　　　　　D.青藏高原

5. 植食性恐龙中的长寿冠军是 （　　）
   A.峨眉龙　B.角龙　C.慈母龙　D.腕龙

6. 世界上最大的恐龙蛋重达 （　　）
   A.6千克 　　　　　　B.5千克
   C.4千克 　　　　　　D.3千克

7. 最早发现腔骨龙化石的是 （　　）
   A.大卫·鲍德温 　　　B.理查德·欧文
   C.达尔文 　　　　　　D.拉马克

8. 与棱背龙长得最像的恐龙是 （　　）
   A.腕龙　B.梁龙　C.甲龙　D.慈母龙

9. 云南省出土的双脊龙化石，现存放于 （　　）
   A.浙江省科技馆 　　　B.云南省科技馆
   C.香港科学馆 　　　　D.中国科技馆

10. 下列恐龙中，不属于喙嘴龙的是 （　　）
    A.梁龙 　　　　　　　B.无尾颌翼龙
    C.舟颌翼龙 　　　　　D.双形齿翼龙

11. 蜀龙的食物主要为 （　　）
    A.植物嫩叶 　　　　　B.植物的根
    C.植物的老叶 　　　　D.小动物

12. 人类认识的第一种恐龙是 （　　）
    A.甲龙　B.霸王龙　C.梁龙　D.尾羽龙

13. 尾巴像狼牙棒的恐龙是 （　　）
    A.尾羽龙　B.霸王龙　C.慈母龙　D.剑龙

14. 第一具腕龙的化石骨架发现的时间是
    （　　）
    A.1900年　B.1901年　C.1902年　D.1903年

15. 沱江龙的牙齿很纤细，当它们吃那些硬硬
    的食物时，会 （　　）
    A.喝水　B.吞石头　C.摇头摆尾　D.跑步

16. 钉状龙化石主要分布在 （　　）
    A.南非 　　　　　　　B.澳大利亚
    C.缅甸 　　　　　　　D.坦桑尼亚

17. 美颌龙的前肢一共有 （　　）
    A.两指　B.三指　C.四指　D.五指

18. 据科学家推测，弯龙行走起来慢腾腾的，
    大约为每小时 （　　）
    A.35千米　B.15千米　C.25千米　D.20千米

19. 蜥结龙的尾椎的实际数目大约为 （　　）
    A.50节　B.40节　C.45节　D.35节

20. 棘龙化石最早发现于 （　　）
    A.意大利　B.埃及　C.南非　D.希腊

21. 赖氏龙最大的特点是 （　　）
    A.个子中等 　　　　　B.具有明显的冠饰
    C.喙状嘴 　　　　　　D.具有四指

22. 最小的鹦鹉嘴龙的体长为　　（　）
　　A.1米　　　　　　　B.2米
　　C.11～15厘米　　　D.50～60厘米

23. 与尾羽龙的亲缘关系较近的是　（　）
　　A.始祖鸟　　　　　B.鸵鸟
　　C.慈母龙　　　　　D.窃蛋龙

24. 恐爪龙的独门利器是　　　　（　）
　　A.牙齿　　B.尾巴　　C.后肢　　D."镰刀爪"

25. 支撑豪勇龙身上"帆"的结构主要是（　）
　　A.韧带　　　　　　B.骨骼
　　C.脊椎神经嵴　　　D.肌肉

26. 食肉牛龙的短角主要用来　　　（　）
　　A.捕猎　　　　　　B.抵御强敌
　　C.求偶　　　　　　D.分解食物

27. 2009年3月，在内蒙古的"恐龙墓地"里，中、美两国的古生物学家发现，一群小拟鸟龙集体溺死在一片沼泽地中。这个发现表明　　　　　　　　　　　（　）
　　A.拟鸟龙是群居生活的
　　B.小拟鸟龙一般与成年恐龙生活在一起
　　C.小拟鸟龙没有自我应变的能力
　　D.所有选项都对

28. 长得像火鸡的恐龙是　　　　（　）
　　A.慈母龙　　　　　B.拟鸟龙
　　C.窃蛋龙　　　　　D.尾羽龙

29. 为了食物而迁徙的植食性恐龙是（　）
　　A.拟鸟龙　B.尖角龙　C.梁龙　D.慈母龙

30. 据化石分析，会细心照看自己孩子的恐龙是　　　　　　　　　　　　（　）
　　A.尖角龙　B.拟鸟龙　C.腕龙　D.慈母龙

31. 据科学家分析，盔龙的皮囊会发出像青蛙一样呱呱的声音。这是盔龙在　（　）
　　A.求偶
　　B.告诉同伴有肉食性恐龙出没
　　C.告诉同伴发现食物
　　D.以上选项都对

32. 头上角最多的恐龙是　　　　（　）
　　A.尖角龙　B.甲龙　C.戟龙　D.颈盾龙

33. 下列不属于副栉龙头冠功能的是（　）

　　A.辨别性别　　　　B.发出鸣声
　　C.调节体温　　　　D.潜水呼吸

34. 甲龙的超级防御术是　　　　（　）
　　A.吼叫　　　　　　B.利用骨质甲片防御
　　C.挥舞尾巴　　　　D.快速奔跑

35. 据科学家估计，霸王龙的奔跑速度很快，最快时速可达　　　　　　　（　）
　　A.60千米/时　　　B.50千米/时
　　C.40千米/时　　　D.70千米/时

36. 肿头龙的牙齿很尖，其食物主要是（　）
　　A.植物种子、果实等
　　B.植物的根
　　C.小动物
　　D.落叶

37. 冥河龙生活的年代是　　　　（　）
　　A.白垩纪早期　　　B.三叠纪晚期
　　C.侏罗纪　　　　　D.白垩纪晚期

38. 被大家误认为北美野牛的恐龙是（　）
　　A.慈母龙　　　　　B.尖角龙
　　C.腕龙　　　　　　D.三角龙

答案：1.D 2.B 3.B 4.C 5.D 6.B 7.A 8.C 9.C 10.A 11.A 12.C 13.D 14.A 15.B 16.B 17.B 18.C 19.A 20.B 21.B 22.C 23.D 24.D 25.C 26.C 27.D 28.B 29.B 30.D 31.D 32.C 33.D 34.B 35.A 36.A 37.D 38.D

155

图书在版编目（CIP）数据

神秘恐龙之谜/李瑞宏主编.——杭州：浙江教育
出版社，2017.4（2019.4重印）
　（探秘世界系列）
　ISBN 978-7-5536-5685-4

　I.①神… II.①李… III.①恐龙—少儿读物 IV.
①Q915.864-49

中国版本图书馆CIP数据核字（2017）第063857号

探秘世界系列

神秘恐龙之谜

SHENMI KONGLONG ZHI MI

李瑞宏 主编　郭寄良 副主编
高 凡 陆 源 编著 米家文化 绘

出版发行	浙江教育出版社
	（杭州市天目山路40号　邮编：310013）
策划编辑　张 帆	**责任编辑**　谢 园
文字编辑　陈丽丽	**美术编辑**　曾国兴
封面设计　韩吟秋	**责任校对**　雷 坚
责任印务　刘 建	**图文制作**　米家文化
印　　刷	北京博海升彩色印刷有限公司
开　　本	787mm×1092mm 1/16
印　　张	10.25
字　　数	205000
版　　次	2017年4月第1版
印　　次	2019年4月第2次印刷
标准书号	ISBN 978-7-5536-5685-4
定　　价	38.00元